“三线一单”空间管控研究与应用实践

主　编　李瑞强　王绍斐　王晓东　杨　川
副主编　俞晓东　虞朝辉　闫晓婧　于建涛
　　　　逄薪蓉　郭雪征　贾艳飞　戈　洋
　　　　李　妍　李明娜　张　巍　云　鹏
　　　　高　婧

吉林人民出版社

图书在版编目（CIP）数据

“三线一单”空间管控研究与应用实践／李瑞强等主编. -- 长春：吉林人民出版社，2023.1

ISBN 978-7-206-19773-4

Ⅰ.①三… Ⅱ.①李… Ⅲ.①生态环境-区域环境管理-管理信息系统-研究-中国 Ⅳ.①X321.2-39

中国国家版本馆 CIP 数据核字（2023）第 013210 号

“三线一单”空间管控研究与应用实践

SANXIAN YIDAN KONGJIAN GUANKONG YANJIU YU YINGYONG SHIJIAN

主 编：李瑞强 王绍斐 王晓东 杨 川

责任编辑：韩立明 封面设计：刘行光

出版发行：吉林人民出版社（长春市人民大街 7548 号 邮政编码：130022）

印 刷：长春市华远印务有限公司

开 本：710 毫米×1000 毫米 1/16

印 张：13 字 数：200 千字

标准书号：ISBN 978-7-206-19773-4

版 次：2023 年 1 月第 1 版 印 次：2023 年 2 月第 1 次印刷

定 价：58.00 元

目　录

第一篇　基础篇

第二篇　技术篇

第三篇 应用篇

·第一篇·

基础篇

第一章
认识“三线一单”环境管控

第一节 “三线一单”的相关概念

一、概述

“三线一单”是以社会主义生态文明观为指导，坚持绿色发展理念，以改善环境质量为核心，以生态保护红线、环境质量底线、资源利用上线为基础，将行政区域划分为若干环境管控单元，在一张图上落实生态保护、环境质量目标管理、资源利用管控要求，按照环境管控单元编制环境准入负面清单，构建环境分区管控体系。通过编制“三线一单”，可以为战略和规划环评落地、项目环评审批提供硬约束，为其他环境管理工作提供空间管控依据，促进形成绿色发展方式和生产生活方式。

二、术语和定义

战略环境影响评价：指国家和地方在制定政策、规划、立法、国民经济发展和资源开发之前对拟议中的人为活动可能造成的环境影响进行分析研究、预测和估计，论证拟议活动的环境可行性，为国家和地方的产业结构调整、工农业布局和环境保护、环境管理提供科学依据，为政府的重大决策服务。战略环境评价是在政策、计划、规划被提出时或至少在其执行前的评估中提供给有关机构的一种工具，使其能充分觉察出有关政策、规划、计划对环境和可持续发展产生的影响。

规划环境影响评价：是战略环境影响评价的重要组成部分，是战略环评和综合决策的落脚点，是在政策法规制定之后、项目实施之前，对有关规划的资源环境可承载能力进行的科学评价。这是一个重大的战略措施，如果得到切实的实施，可以从根本上、从全局上、从发展的源头上注重环境影响，控制污染，保护生态环境，及时采取措施，减少后患；可以用环境保护和发展双赢的眼光，正确选择工业结构、工业技术和排放标准，合理布置工业企业，组建工业生态园区，使很多的环境问题从源头得到根治。

项目环境影响评价：指对建设项目可能对环境造成的影响进行分析、预测，提出应对不利影响的措施和对策的评价过程。它包括项目地址的选择，生产工艺、生产管理、污染治理、施工期的环境保护等方面提出具体建议。项目的环境影响评价作为一项预测性和参考性的环境管理手段，在提高决策质量方面被广泛接受。

生态空间：指具有自然属性、以提供生态服务或生态产品为主体功能的国土空间，包括森林、草原、湿地、河流、湖泊、滩涂、岸线、海洋、荒地、荒漠、戈壁、冰川、高山冻原、无居民海岛等区域，是保障区域生态系统稳定性、完整性，提供生态服务功能的主要区域。

生态保护红线：指在生态空间范围内具有特殊重要生态功能、必须强制性严格保护的区域，是保障和维护国家生态安全的底线和生命线，通常包括具有重要水源涵养、生物多样性维护、水土保持、防风固沙、海岸生态稳定等生态功能的重要区域，以及水土流失、土地沙化、石漠化、盐渍化等生态环境敏感脆弱区域。按照“生态功能不降低、面积不减少、性质不改变”的基本要求，实施严格管控。

环境质量底线：指按照水、大气、土壤环境质量不断优化的原则，结合环境质量现状和相关规划、功能区划要求，考虑环境质量改善潜力，确定的分区域、分阶段环境质量目标及相应的环境管控、污染物排放控制等要求。

资源利用上线：指按照自然资源资产“只能增值、不能贬值”的原则，以保障生态安全和改善环境质量为目的，利用自然资源资产负债表，结合自然资源开发管控，提出的分区域、分阶段的资源开发利用总量、强度、效率等上线管控要求。

环境管控单元：指集成生态保护红线及生态空间、环境质量底线、资源利用上线的管控区域，衔接行政边界，划定的环境综合管理单元。

环境准入负面清单：指基于环境管控单元，统筹考虑生态保护红线、环境质量底线、资源利用上线的管控要求，提出的空间布局、污染物排放、环境风险、资源开发利用等方面禁止和限制的环境准入要求。

三、“三线一单”基本要求

生态保护红线指基于“只能增加，不能减少”的管控要求，强制性保护的具有特殊生态功能的区域；环境质量底线是指基于“只能更好，不能变坏”的管控要求，通过科学评估水、大气、土壤环境质量改善潜力，结合特定的区域对污染物排放总量做出限值的环境管控；资源利用上线是指基于“只能增值，不能贬值”的管控要求，通过对资源自然开发利用的效率和自然资源资产负债表的结合，对特定区域资源开发利用的强度、总量等上线做出的环境管控要求；环境准入负面清单是指基于生态保护红线、环境质量底线、资源利用上线的环境管控要求，结合具体的环境管控单元，对污染排放、资源的开发利用等行为做出禁止或限制的环境准入情形。作为“十三五”环评改革的主线，其目的在于协调发展与生态承载底线的关系，就目前的实践情况而言，取得了显著效果。

第二节 “三线一单”生态环境分区管控体系建设现状

一、“三线一单”生态环境分区管控体系建设历程回顾

1. 制度孕育阶段。20 世纪 90 年代，我国开始探索生态、水、大气环境功能区划。2000 年以后，逐步认识到系统综合的重要性，开始探索国家环境功能区划和主体功能区规划（尺度略粗）。2011 年，将各类最为重要的区域集成划定为生态保护红线，作为国家重要的“生命线”实施加严管控。2012 年，进一步将红线和各要素区划的优点整合，探索开展城市环境总体规划和环境功能区划试点工作。2016 年，吸收战略环境影响评价（以下简称环评）对发展端的更多考量，逐步建立“三线一单”生态环境分区管控体系。

2. 制度发展阶段。2017年，结合济南、鄂尔多斯、连云港、承德4个“三线一单”试点工作，生态环境部环境规划院牵头编制“三线一单”技术指南。2018年，结合长江经济带12省（市）“三线一单”试点工作，出台“三线一单”编制技术要求、岸线分类管控技术说明、“三线一单”数据规范等文件。2019年，全面启动其他19省（区、市）及兵团的“三线一单”编制工作，逐步建立健全“三线一单”的技术体系和管理体系。截至2021年4月，全国31省（区、市）和新疆生产建设兵团“三线一单”省级成果均已通过省级人民政府审议并发布。

3. 制度完善阶段。目前，各地级市“三线一单”成果也在陆续发布中，进入制度完善阶段。主要历程见图1.1。

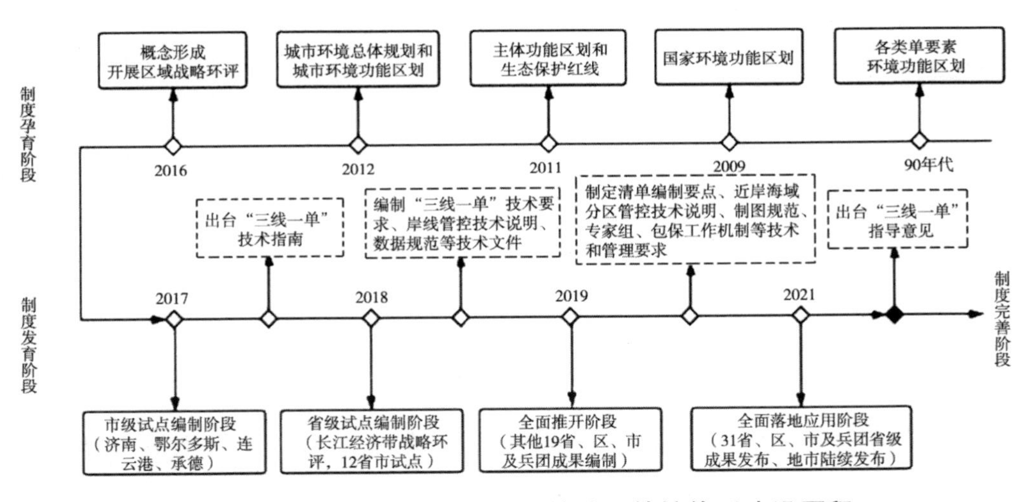

图1.1 “三线一单”生态环境分区管控体系建设历程

二、全国生态环境分区管控体系初步建立

现阶段，我国已形成以成果体系、技术体系、管理体系、应用体系为主要构成的“三线一单”生态环境分区管控体系，详见图1.2。

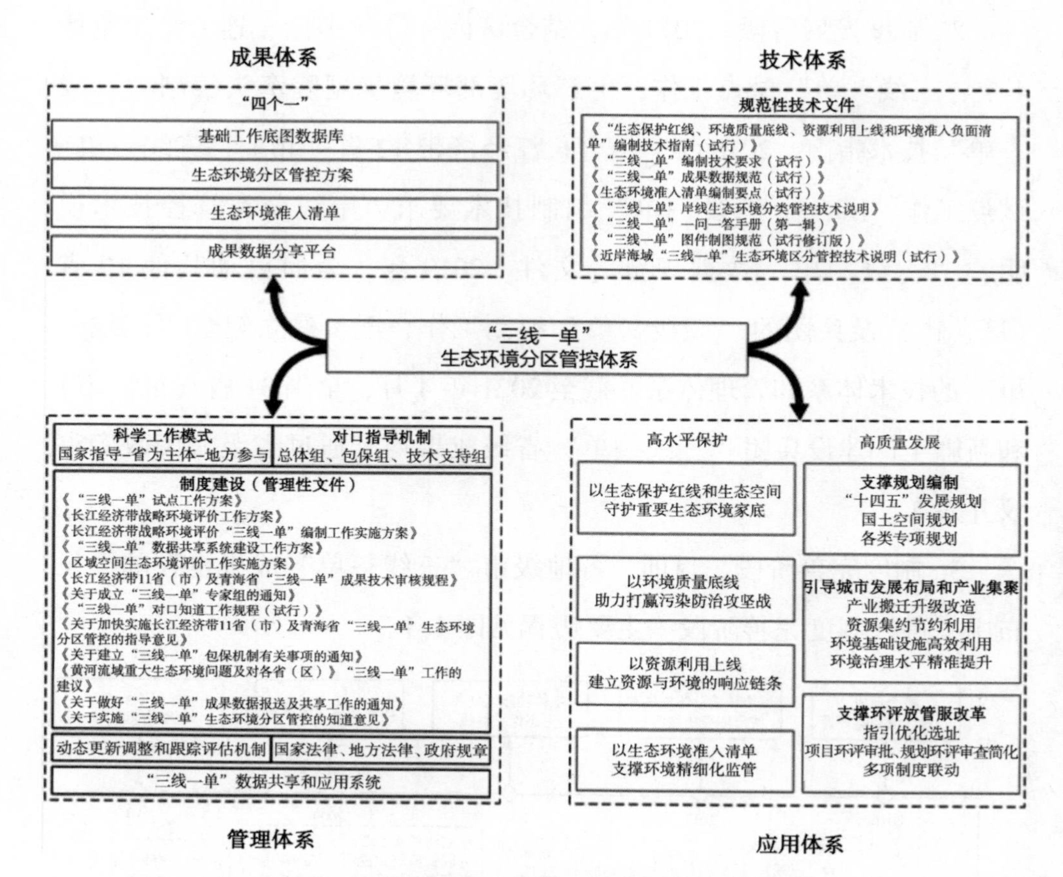

图 1.2　“三线一单”生态环境分区管控体系

1. 成果体系基本建立

“三线一单”核心成果主要体现为“四个一”，即一套摸清家底的基础工作底图数据库、一项生态环境分区管控方案、一份生态环境准入清单和一个服务于多重对象的成果数据共享系统。

一套摸清家底的基础工作底图数据库。对生态环境家底进行全面梳理，并进行标准化、矢量化处理，形成一套坐标系统一、位置准确、边界清晰，覆盖水、海洋、大气、土壤、生态、水资源、能源（煤炭）、土地资源、岸线资源，包括基础地理信息、规划区划、资源现状、环境管理、人口社会经济统计等方面的数据库。实现了各类环境要素功能区划、环境质量监测网络、全口径污染源、环境风险源、各类保护地、合法合规园区、水系等的空间化和信息化，为数据共享和智慧决策奠定基础。

一套覆盖生态-资源-环境的生态环境分区管控方案。建立了一套符合自然规律、衔接行政边界的生态、水、大气、土壤分区管控方案，精细化到土地斑块尺度；建立了一套落实到监测断面和管控单元的环境质量目标、重点污染物削减比例等的底线要求；建立了一套水资源、能源、土地资源、岸线资源的强度、效率和空间管控方案；建立了一套引导城市高质量发展的环境管控单元。将全国划分为 40737 个环境管控单元，其中优先保护单元 16834 个、重点管控单元 17271 个、一般管控单元 6632 个，三类单元面积比例分别为 55. 5%、14. 5% 和 30. 0%，单元精度达到了乡镇尺度。

一份分单元多维度的生态环境准入清单。基于环境管控单元，构建了“省-市-片区-单元（园区）”四级生态环境准入清单体系，统筹考虑红线、底线、上线要求，衔接各项法律法规和政策文件，提出空间布局约束、污染物排放管控、环境风险防控、资源利用效率等四个维度的准入要求，对 382 个地级行政区和近 3000 个区县提出了空气质量目标，对 20879 个水环境控制单元和市控及以上断面提出了水质目标，对超过 3300 个产业园区提出了准入要求。

一个服务于多重对象的成果数据共享平台。“三线一单”首次实现了生态环保工作的系统化、空间化、信息化整合，建立了“三线一单”成果数据共享平台。目前国家层面已经实现全国一张图的展示和查询服务，23 个省（区、市）及兵团已完成应用系统建设，相继研发了地图展示、数据管理、综合查询、智能研判等业务模块，正在探索打通部门间、省市县的数据壁垒，已逐步在规划制定、项目准入、审批决策中发挥重要作用。

2. 技术体系更加成熟

在继承以往各类制度成熟技术方法的基础上，生态环境分区管控技术体系呈现出集成度和精细化水平越来越高的特征，逐步形成了一套陆海统筹覆盖全要素的技术体系，详见表 1.1。

表 1.1 “三线一单”生态环境分区管控主要技术方法

领域	要素	核心技术/理论	主要产出
生态保护红线	生态	√ 生态流理论 √ 生态系统评估：敏感性和重要性评价、模型评估法、NPP 定量指标评估法 √ 生态空间识别：空间模型法（最小累积阻力模型）	生态空间、生态廊道、清水通道、通风廊道
环境质量底线	大气	√ 大气环境容量测算：WRF/CALMET 等模型 √ 全口径污染物核算：A-P 值、情景分析、WRF、CFD 微尺度气象场模拟 √ 分区方法：ENⅥ卫星反演热岛效应、CALPUFF 和 CMAQ 空气质量模型	大气环境扩散区、布局敏感区、受体敏感区；分阶段目标、削减潜力、削减比例
	水	√ 环境容量核算：SWAT/ECM 等模型，环境容量核算模型 √ 分区方法：叠国法、关键源区识别 √ 全口径污染负荷估算：经验统计、数学模型、指数法	水环境控制单元、城镇生活源重点营控区、农业面源重点管控区；分阶段目标、削减潜力、削减比例
	土壤	√ 土壤环境质量及风险评价（单因子、多因子污染指数法）	农用地、建设用地环境风险重点管控区
	海洋	√ 海陆统筹分区理论；EFDC、ROMS、MIKE、FVCOM 等海洋环境动力学模型	弱扩散海域、主要排污口和入海河流的污染物通量核算和削减比例

续表

领域	要素	核心技术/理论	主要产出
资源利用上线	资源	√资源环境承载力分析 √生态需水计算：水质目标法、水量平衡法、生境模拟、基本生态环境需水量计算 √分区：叠图法	地表水和地下水的统筹分区、生态需水量、资能源利用重点管控区（高污染燃料禁燃区、土地资源重点管控区、岸线分类管控）
生态环境准入清单	——	√单元叠国法、聚类分析等 √清单：集成法、索引表	四类单元 四个维度若干层级的清单

生态保护领域，探索形成了点、线、面相结合的生态空间构建方法，既有传统生态要素的“空间叠图+系统评价”，也有基于生态流理论，通过建立阻力面模型等方法识别的生态源地、生态廊道、生态节点和生态基质等点状、线状和面状生态安全格局，补充纳入生态空间。

大气环境领域，利用第三代空气质量模型 WRF-CMAQ 和排放清单模型 SMOKE，开展环境空气质量模拟，作为大气环境承载能力评估测算的基础。大气环境空间评价精度由 10km×10km 逐步精细到 1km×1km 的网格，实现了高精度的三维动态流场模拟，创新性提出了大气环境聚集敏感性、布局敏感性、受体敏感性的技术评价方法。

水环境领域，基于高精度 DEM 数据，通过 SWAT 模型等实现产汇流关系的解析，水环境控制单元评价精度由乡镇尺度逐渐向村界尺度转变，并将行政边界与汇水边界结合，实现了更加精细化的空间管控。首次实现保护类单元和污染治理类单元的一张图管控，将农业面源污染关键源区的概念引入到各类污染源中，将全域细分为工业源重点管控区、农业源重点管控区、城镇生活源重点管控区，指引科学、精准、高效减污治污。

土壤污染防控领域，采用单因子或多因子污染指数等方法，对农用地进行土壤污染物超标及累积性评价，对建设用地开展污染物超标评价，划分土壤环境质量等级，识别农用地优先保护区、农用地污染风险重点管控区、污染地块等区域，从环境质量前端入手对受污染土地用途转变进行指导、约束。

海洋环境领域，积极探索近岸海域生态环境分区管控工作。首次对海洋部门和生态环境部门的区划、规划进行系统整理，从空间准入、污染排放、海岸线利用等多个层面拓展陆海统筹理念，通过 EFDC、ROMS、MIKE、FVCOM 等海洋环境动力学模型，建立污染物排放与水体水质之间的定量响应关系，强化入海污染物控制，为实现陆海统筹提供科学支撑。

3. 管理体系逐步健全

一是法律地位基本确立。国家层面，我国 2021 年 3 月 1 日实施的《长江保护法》，将生态环境分区管控与生态环境准入清单作为重要内容纳入法律，“三线一单”实施的法律保障不断强化。地方层面，26 部地方法律法规先后通过地方人大审议，涵盖生态文明建设、环境保护条例、水环境保护条例及《环境影响评价法》实施办法等，涉及天津、山东、江西、湖北等 19 个省（区、市），进一步明确了“三线一单”的法律地位。山西和浙江两省通过制定建设项目管理办法等政府规章，明确了“三线一单”要求，为“三线一单”编制实施提供了制度保障。大连、深圳等地市也通过立法率先巩固了“三线一单”的法律地位。

二是制度建设逐步完善。出台《“三线一单”试点工作方案》《长江经济带战略环境评价“三线一单”编制工作方案》等相关管理性文件十余项，基本建立“三线一单”的制度管理框架。建立自上而下的联动和响应工作机制，压实地方主体责任。国家层面由顾问专家组把控方向、技术专家组审核技术；省级层面由责任专家、对口指导专家、包保组专家从不同层面做好帮扶指导，扎实推动体系建设工作；市级层面深入参与“三线一单”编制、发布和应用工作；区县的分工交由地方自由裁量。

三是动态更新和跟踪评估机制初步建立。初步明确实时更新、动态调整相结合的机制，提出第一批试点省份成果更新调整的原则和条件、程序与要求。对依法依规事项实时更新，对五年内因国家与地方发展战略、生态保护红线、自然保护地和生态环境质量目标调整，确需进行更新的，由地市提出申请，经审定后更新。初步明确跟踪评估机制，由各省组织开展每年一次跟踪评估工作，5 年开展一次全面评估。

4. 应用体系不断拓展

以生态保护红线和生态空间守护重要生态环境家底。将未纳入红线的生态功能重要区和极重要区、生态环境敏感区和极敏感区，各类保护地、河湖生态缓冲带，以及重要的湖库、岸线、湿地、林地、草原等纳入一般生态空间。考虑到生态空间的破碎性，将对保障生态安全格局有重要意义的生态廊道也纳入保护。通过生态廊道、清水通道、通风廊道优化城市开发格局，生态廊道明确不宜开发建设占用区域；清水通道引导污染型企业合理避让，布局到水环境承载状况较好、水质要求略低的区域；通风廊道避免布局重污染项目和阻挡城市气流的建筑。

以环境质量底线助力打赢污染防治攻坚战。一是依托精细化的生态、水、气、土、海洋等要素目标和现状数据，提供展示查询服务，支撑管理者的科学决策。二是通过划定的水环境工业污染、农业面源污染、城镇生活污染重点管控区，大气环境的高排放区、布局敏感区、弱扩散区，农用地和建设用地污染风险重点管控区等，从中观尺度上引领治污防污工作的“精准施策”。三是优先保护单元和重点管控单元是生态环境监管的重点区域，清单是监管的重点内容。以各类优先保护区支撑散乱污、违法违规企业的清理整顿，指导实施受损优先保护单元的生态修复。基于共享应用平台，支撑涉及到安全距离、项目布局等的环保信访案件处理，拓展智慧环保内涵和外延。

以资源利用上线建立资源与环境的响应链条。水利部门在水资源开发利用指标分配过程中，宜将“三线一单”中的生态流量、下泄流量等纳入统筹。发改部门在能源利用总量和效率指标制定过程中，宜充分衔接“三线一单”中的煤炭禁燃区、大气环境质量约束下的能源利用上线要求。自然资源和住建部门在制定建设用地指标、开发建设规划等过程中，宜充分考虑土地资源利用上线的要求，合理规避生态保护红线、永久基本农田、受污染耕地等。

以生态环境准入清单支撑环境精细化监管。通过衔接现有相关管理要求，集成“三线”成果，坚持功能和问题导向，制定的覆盖空间准入、污染排放、环境风险、资源利用 4 个维度个性和共性相结合的生态环境准入清单，相当于地图式“生态环保要求大词典”，是环境管理的重要工具书。一方面支撑生态环境管理工作精细化、落地化，另一方面明确产业限制条件，是各类开发建设活动的重要遵循。

以整装成套的“三线一单”成果支撑高质量发展。一是“三线一单”可为国土空间规划、“十四五”发展规划、各类专项规划编制提供前置性的科学引导。例如，“三线一单”是加强国土空间管控的新抓手，对生态空间两者可共享成果，环境管控单元可支撑主体功能分区划定，重点管控单元可为集中建设区的划定提供参考，清单可支撑空间分区管控要求和规划目标任务的制定。二是“三线一单”将园区、产业集聚区以及现在或未来开发强度大的区域划定为重点管控区，指引新建（搬迁）项目和园区向重点管控区集聚发展，发挥集聚优势、协同效应，推动资源集约节约利用、环境基础设施高效利用。三是“三线一单”推进规划环评与项目环评联动改革，对负面清单外、符合“三线一单”的建设项目，可探索实行环评简化、环评降级、告知承诺制等改革。

第三节 “三线一单”分区管控体系建设面临的主要问题

一、管理体系不够健全，生态环境治理效能有待提升

法律支撑仍需加强。“三线一单”的设计初衷是加强生态环境源头防控，支撑高质量发展，但在全国层面缺乏法律法规、政策制度保障，各地将“三线一单”纳入法律法规也多体现为“原则性入法”，未作进一步详细规定，与有单独法律支撑的其他制度相比，“三线一单”的支撑力度不足。如，《中华人民共和国长江保护法》要求“三线一单”与国土空间规划相衔接，但是实际工作中，国土空间规划占绝对优势，“三线一单”的源头准入很多时候必须“配合”国土空间规划的开发建设。另外，在工作组织层面，虽说“三线一单”编制、发布和实施的主体是地方党委政府，然而一旦重视不足，地方生态环

境部门推动工作难度就会很大。

区域流域统筹规则尚不明确。全国省、市级政府分工模式不同导致各地成果粗细程度差异较大。一种是省级牵头，地市主要负责对生态环境准入清单进行细化完善；另一种是地市单独开展工作，最后交由省级统筹。第一种模式在更新调整时，地市较为被动，其一是未深入参与“三线”的分析工作，对相关工作的理解不够，其二是可能存在调整权限问题。第二种模式则由于区域、流域层面缺乏强有力的统筹，可能造成管控边界不协调、管控要求不衔接等问题。

更新调整工作缺乏细则。在当前“十四五”各项工作起步开局的关键时期，随着国土空间规划、生态保护红线评估调整、自然保护地优化整合、第三次国土调查等工作的逐步完成，以及“十四五”相关规划的陆续出台，“三线一单”可能面临大量的更新和调整工作，但目前对更新调整的原则还不够明确，地方在实施更新调整时缺乏指导，尤其是对调整的内容、程序、主体、频次等尚存在很大的不确定性，可能影响成果质量。

二、技术体系亟须完善，协同推进高质量发展和高水平保护支撑不足

生态空间划定方法衔接难度大。一是由于自然资源部门的“三区三线”和生态环境部门的“三线一单”在设计阶段均涉及了生态保护红线和生态空间，但两者对生态空间的划定技术路径、管控要求存在一定差异，且国土空间规划淡化了“三区”的概念，强调“三线”的落地，同时又保留了部分生态安全格局。二是发展和保护的博弈，由于生态保护红线的“前车之鉴”，地方将生态空间视为发展的“紧箍

咒”，在对接过程中参照红线的工作经验要求扣减生态空间，导致其破碎化。

资源利用上线的技术环节薄弱。该部分目前以衔接水利、自然资源、发展改革等部门总量、强度和效率指标约束为主，缺少从生态环境角度出发的深入分析，无法有效支撑管理部门的综合决策。特别是在“以水四定”“三水统筹”的要求下，如何建立水资源利用与水生态保护、水环境改善之间的联动关系，如何推动减污降碳协同增效等，都需要在生态保护、环境质量改善和资源开发利用间找到最佳方案，以实现经济社会成本最低化、生态环境效益最大化。

环境管控单元划定方式尚不统一。根据技术指南要求，将城镇建设区、乡镇街道、工业园区等边界与依据“三线”确定的管控分区叠加，利用逐级聚类综合划定管控单元，但实践中分化为两条道路。第一是将各类保护区聚类为优先保护单元，将水、气的重点管控区和工业园区等聚类为重点管控单元。优点是一张图知晓所有各类重点保护和管控对象，但缺点也比较明显，一方面想要取代“三线”但是又不如“三线”好用，另一方面可能面临频繁调整，影响权威性。第二是衔接乡镇边界，通过聚类分析，结合主导功能，确定单元属性，这种划分方式更偏向于主体功能区的细化，可以保证成果的稳定性，具有较为明确的责任主体，但必须依托“三线”成果，不如一张图使用便捷。但是在“三线一单”共享数据平台开发完善后，就体现出第二种单元划定方法的优势。

生态环境准入清单准入特征体现不够。从现有成果来看，生态环境准入清单中除了空间布局约束要求外，污染排放控制、资源利用效率、环境风险防控等要求“准入”特征不明显。同时，由于环境管控单元划分尺度的原因，常常导致管控要求和尺度错位，与规划环评互为依据、面上管控要求差异性不强等问题较为突出。另外，在成果发布过程中，受到合法性审查等限制，清单必须“有法可依”，就导致清单很难提出针对性管控要求，从而局限于对现有管理制度的集成。

三、实施应用的机制和路径不够明确，应用的广度、深度仍需拓宽加深

环境质量底线发挥作用有限。“三线一单”在容量计算、污染源排放清单、削减比例等方面工作量较大，虽已初步形成系统化提升环境质量的工作路径，同时这也是城市环境总体规划、生态环境功能区划等以往制度的“精华”所在，但是目前发挥作用的还是多局限于分区管控。

支撑“放管服”和高质量发展深度不够。目前“三线一单”成果多应用在生态环境领域，对资源开发、城市建设、重大战略等综合决策的支撑作用有限；在空间布局约束方面应用较多，而在环境质量管控、环境风险防控和资源利用效率等方面的应用较少；部分地方应用仍停留在环评体系内部，局限在规划环评、项目环评的相符性分析和布局约束等方面，对规划环评和项目环评的“简化”和“下放”支撑不足。另外，成果数据的可获得性也一定程度上限制了应用领域的拓展。

应用保障机制仍未全面建立。目前各地对“三线一单”的具体应用路径仍处于探索阶段，如何推动政府、各相关部门共享共用“三线一单”，还需要在管理机制层面加强设计。在提升生态环境治理能力现代化的大背景下，如何夯实“三线一单”的应用实施机制，国家层面

如何建立对各省的跟踪评估机制，各省份、地市如何针对本地区实际情况，因地制宜开展跟踪评估也需要进一步明确。

第四节 “三线一单”管控的必要性

“三线一单”是党中央推进生态文明建设的重大决策部署，是生态环境保护的重要基础性工作。

一、是环保早期介入的重要举措

“三线一单”注重从生态环境系统的客观规律、自然结构、演变过程及系统功能出发，进行生态系统服务重要性评估和生态环境敏感性评估，系统分析生态、环境、资源的功能与承载能力；本着早期介入、源头防控的原则，基于底线思维制定差别化的环境准入负面清单。“三线一单”囊括空间布局约束、污染物排放管控、环境风险防控、资源开发效率要求等，是建设项目环评弱化、“非前置”后的重要抓手，将建设项目环评的早期介入提前至规划/计划甚至是战略阶段。

二、是落实空间管控的重要抓手

“三线一单”编制技术指南要求采用基础地理信息数据作为工作基础底图，明确了制图标准、划分技术及数据口径，统一了数学基础、精度、计量单位，扫除了技术障碍，确保了空间落地的可行性；形成一套覆盖全域的生态、大气、水、土壤等生态环境要素以及土地、水、煤炭等自然资源的生态环境分区体系，将差异化的管理和准入要求落到矢量图层上，将数量性的目标要求转化为空间性的管控要求，以“三线”优化空间布局和开发强度，以“一单”约束开发行为，强化了环境保护在空间上的管控。

三、能推进战略和规划环评落地

一方面，“三线一单”立足于区域经济社会发展对生态及环境影响的综合评估之上，能够从技术上指引战略环评、规划环评破解社会经济发展与资源环境保护之间的矛盾，是完善环评制度体系的重要探索。另一方面，“三线一单”是战略环评、规划环评成果的实际应用，通过明确区域开发边界、开发强度，将管控措施、负面准入要求落到各个管控单元，优化布局、调整结构、控制规模，实现分单元精细化、差异化管理。生态环境部将长江经济带战略环评和“三线一单”划定工作统筹联合推进，借助“三线一单”强化清单式管理，将战略环评落地。

四、能有效提高环境管理水平

我国环境管理长期以来面临着“碎片化”管理、系统性不足；管理手段缺乏，空间管控不足；管理方式粗放，精细化不足等问题。“三线一单”基于生态环境保护的系统化研究，管控要求覆盖全域，破解了“破碎化”、系统性不足的难题；“三线一单”基于管控单元制定负面准入清单，各项要求措施均落到矢量图层，打破了空间管控不足的难题；“三线一单”建立的数据共享管理平台，形成了生态环保大数据和智慧管理系统，细化了分区管控要求，打破了精细化不足的难题，有效提升了环境管理的系统化、精细化和信息化水平。

总之，建立以“三线一单”为核心的生态环境分区管控体系，是推进生态环境保护系统化精细化管理、强化国土空间环境管控、推进绿色高质量发展的一项重要工作，是落实党中央国务院关于加快生态文明建设、促进绿色发展要求的重要举措，是解决我国当前突出环境问题的迫切需求，是推进区域和规划环评落地、完善国土空间环境治理体系的重要抓手，是提高我国生态环境保护管理水平的有效途径。

第二章
“三线一单”环境管控要求与方法

第一节　总体流程

系统收集整理区域生态环境及经济社会的基础数据，开展综合分析评价，明确生态保护红线、环境质量底线、资源利用上线，确定环境管控单元，提出环境准入负面清单。

主要包括：

一、开展基础分析，建立工作底图。收集整理基础地理、生态环境、国土开发等数据资料，对数据进行标准化处理和可靠性分析，建立基础数据库，对相关规划、区划、战略环评的宏观要求进行梳理，开展自然环境状况、资源能源禀赋、社会经济发展和城镇化形势等方面的综合分析，建立统一规范的工作底图。

二、明确生态保护红线，识别生态空间。按照《生态保护红线划定指南》，识别需要严格保护的区域，划定并严守生态保护红线，落实生态空间用途分区和管控要求，形成生态空间与生态保护红线图。

三、确立环境质量底线，测算污染物允许排放量。开展水、大

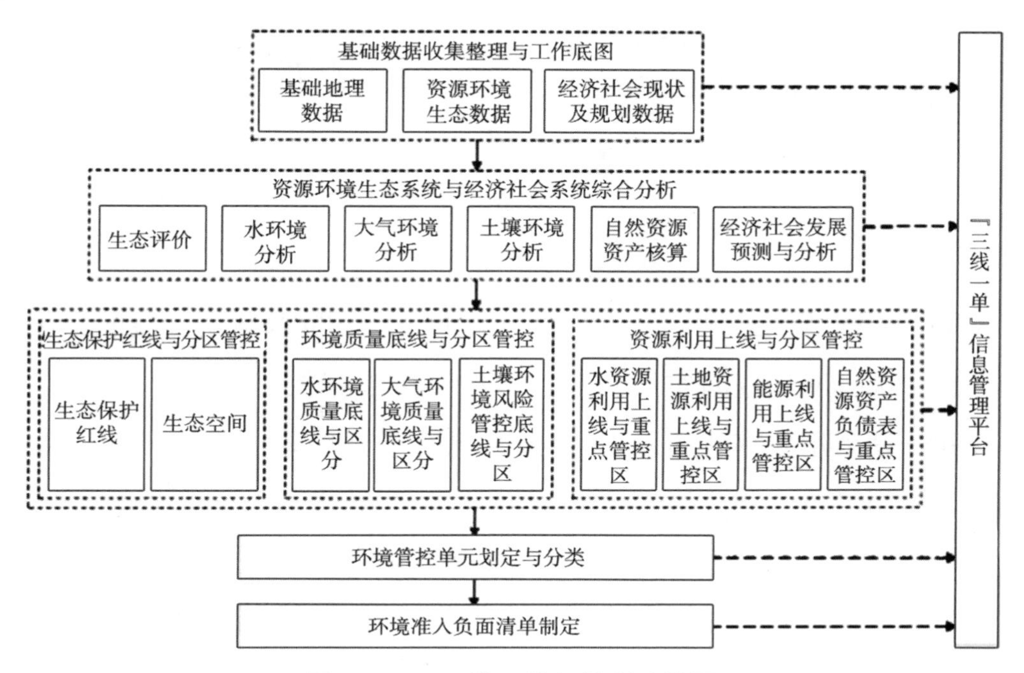

图 2. 1 “三线一单”编制路线图

气环境评价，明确各要素空间差异化的环境功能属性，合理确定分区域分阶段的环境质量目标，测算污染物允许排放量和控制情景，识别需要重点管控的区域，形成水环境质量底线、允许排放量及重点管控区图，以及大气环境质量底线、允许排放量及重点管控区图。开展土壤环境评价，合理确定土壤环境安全利用底线目标，形成土壤环境风险管控底线及土壤污染风险重点管控区图。

四、确定资源利用上线，明确管控要求。从生态环境质量维护改善、自然资源资产“保值增值”等角度，开展自然资源开发利用强度评估，明确水、土地等重点资源开发利用和能源消耗的上线要求，形成自然资源资产负债表、土地资源重点管控区图，生态用水补给区图、地下水开采重点管控区图、高污染燃料禁燃区图以及其他自然资源重点管控区图。

五、综合各类分区，确定环境管控单元。结合生态、大气、水、土壤等环境要素及自然资源的分区成果，衔接乡镇街道或区县行政边界，建立功能明确、边界清晰的环境管控单元，统一环境管控单元编码，实施分类管理，形成环境管控单元分类图。

六、统筹分区管控要求，建立环境准入负面清单。基于环境管控单元，统筹生态保护红线、环境质量底线、资源利用上线的分区管控要求，明确空间布局约束、污染物排放管控、风险管控防控、资源开发利用效率等方面禁止和限制的环境准入要求，建立环境准入负面清单及相应治理要求。

七、集成“三线一单”成果，建设信息管理平台。落实“三线一单”管控要求，集成开发数据管理、综合分析和应用服务等功能，实现“三线一单”信息共享及动态管理。

第二节 生态保护红线

一、工作要求

按照“生态功能不降低、面积不减少、性质不改变”的原则，根据《关于划定并严守生态保护红线的若干意见》《生态保护红线划定指南》要求，识别并明确生态空间，划定生态保护红线。

二、生态评价

利用地理国情普查、土地调查及变更数据，提取森林、湿地、草地等具有自然属性的国土空间。按照《生态保护红线划定指南》，开展区域生态系统服务功能重要性评估（水源涵养、水土保持、防风固沙、生物多样性维护）和生态环境敏感性评估（水土流失、土地沙化、石漠化、盐渍化），按照生态系统服务功能重要性依次划分为一般重要、重要和极重要3个等级，按照生态环境敏感性依次划分为一般敏感、敏感和极敏感3个等级，识别生态功能重要、生态环境敏感脆弱区域分布。

三、生态空间识别

综合考虑维护区域生态系统完整性、稳定性的要求，结合构建区域生态安全格局的需要，基于重要生态功能区、保护区和其他有必要实施保护的陆域、水域和海域，考虑农业空间和城镇空间，衔接土地利用和城镇开发边界，识别并明确生态空间。生态空间原则上按限制开发区域管理。

四、划定生态保护红线

已经划定生态保护红线的，严格落实生态保护红线方案和管控要求。尚未划定生态保护红线的，按照《生态保护红线划定指南》划定。生态保护红线原则上按照禁止开发区域的要求进行管理，严禁不符合主体功能定位的各类开发活动，严禁任意改变用途。

第三节 环境质量底线

一、工作要求

遵循环境质量不断优化的原则，确立环境质量底线。对于环境质量不达标区，环境质量只能改善不能恶化；对于环境质量达标区，环境质量应维持基本稳定，且不得低于环境质量标准。环境质量底线的确定，要充分衔接相关规划的环境质量目标和达标期限要求，合理确定分区域分阶段的环境质量底线目标。评估污染源排放对环境质量的影响，落实总量控制要求，明确基于环境质量底线的污染物排放控制和重点区域环境管控要求。

二、水环境质量底线

水环境质量底线是将国家确立的控制单元进一步细化，按照水环境质量分阶段改善、实现功能区达标和水生态功能修复提升的要求，结合水环境现状和改善潜力，对水环境质量目标、允许排放量控制和空间管控提出的明确要求。具体的技术路线见图 2.2：

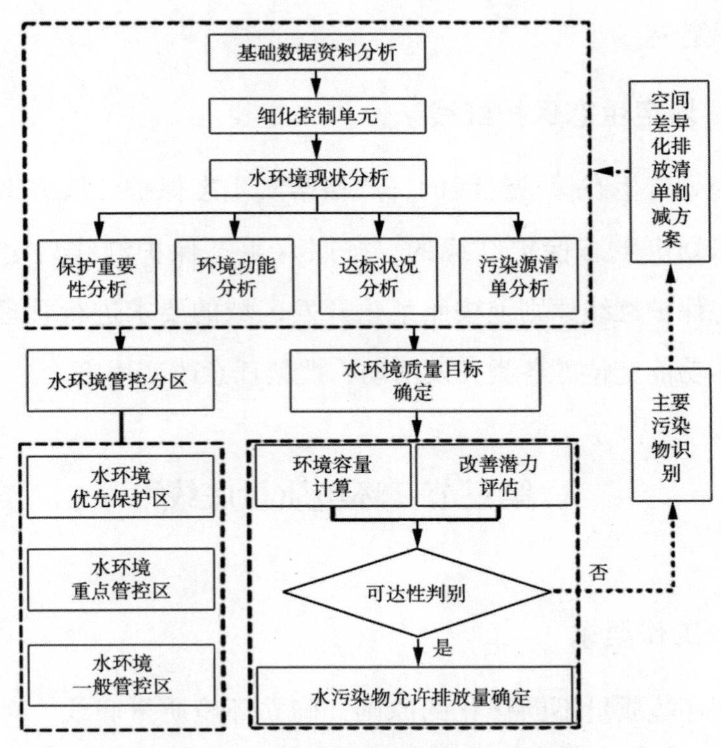

图 2.2　水环境质量底线确定技术路线图

1. 水环境分析

水环境控制单元细化。参照《重点流域水污染防治“十三五”规划编制技术大纲》，在国家确定的控制单元基础上，与水（环境）功能区衔接，以乡镇街道为最小行政单位细化水环境控制单元，有条件的地方可以细化到村级边界，西部地区可以适当放宽到更大空间尺度。

水环境现状分析。分析地表水、地下水、近岸海域（沿海城市）等水环境质量现状和近年变化趋势，识别主要污染因子、特征污染因子以及水质维护关键制约因素。根据水文、水质及污染特征，以工业源、城镇生活源、其他污染源等构成的全口径污染源排放清单为基础，分析各控制单元内相关污染源等对水环境质量的影响，确定各控制单元、流域、行政区的主要污染来源。

跨界影响分析。对于跨界水体，应分析流域上下游、左右岸的主要污染物传输通量的影响。

2. 水环境质量目标确定

依据水（环境）功能区划，衔接国家、区域、流域及本地区的相关规划、行动计划对水环境质量的改善要求，确定一套覆盖全流域，落实到各控制断面、控制单元的分阶段水环境质量目标。对未纳入水（环境）功能区划的重要水体，考虑现状水质与水体功能要求，补充制定水环境质量目标。水环境质量目标应不低于国家和地方要求。

3. 水污染物允许排放量测算

环境容量测算。以各控制单元水环境质量目标为约束，选择合适的模型方法，测算化学需氧量、氨氮等主要污染物以及存在超标风险的其他污染因子的环境容量。重点湖库汇水区、总磷超标的控制单元和沿海地区应对总氮、总磷进行测算。上游区域应考虑下游区域水质目标约束。入海河流应考虑近岸海域水质改善目标。

水环境质量改善潜力分析。以水环境质量目标为约束，考虑经济社会发展、产业结构调整、污染控制水平、环境管理水平等因素，构建不同的控制情景，测算存量源污染削减潜力和新增源污染排放量，分析分区域分阶段水环境质量改善潜力。

水污染物允许排放量测算与校核。基于水环境质量改善潜力，参考环境容量，综合考虑区域功能定位、经济发展特点与目标、技术可行性等因素，并预留一定的安全余量，综合测算水污染物允许排放量。各地可根据实际情况，结合排污许可证管理要求，进一步核算主要行业水污染物允许排放量。根据水环境质量现状与目标的差距，结合现状污染物排放情况，对允许排放量进行校核，允许排放量不应高于上级政府下达的同口径污染物排放总量指标。

4. 水环境管控分区

将饮用水水源保护区、湿地保护区、江河源头、珍稀濒危水生生物及重要水产种质资源的产卵场、索饵场、越冬场、洄游通道、河湖及其生态缓冲带等所属的控制单元作为水环境优先保护区。

根据水环境评价和污染源分析结果，将以工业源为主的控制单元、以城镇生活源为主的超标控制单元和以农业源为主的超标控制单元作为水环境重点管控区。有地下水超标超载问题的地区，还需考虑地下水管控要求。

其余区域作为一般管控区。

三、大气环境质量底线

大气环境质量底线的确定，要按照分阶段改善和限期达标要求，根据区域大气环境和污染排放特点，考虑区域间污染传输影响，对大气环境质量改善潜力进行分析，对大气环境质量目标、允许排放量控制和空间管控提出的明确要求。具体的技术路线见图 2.3：

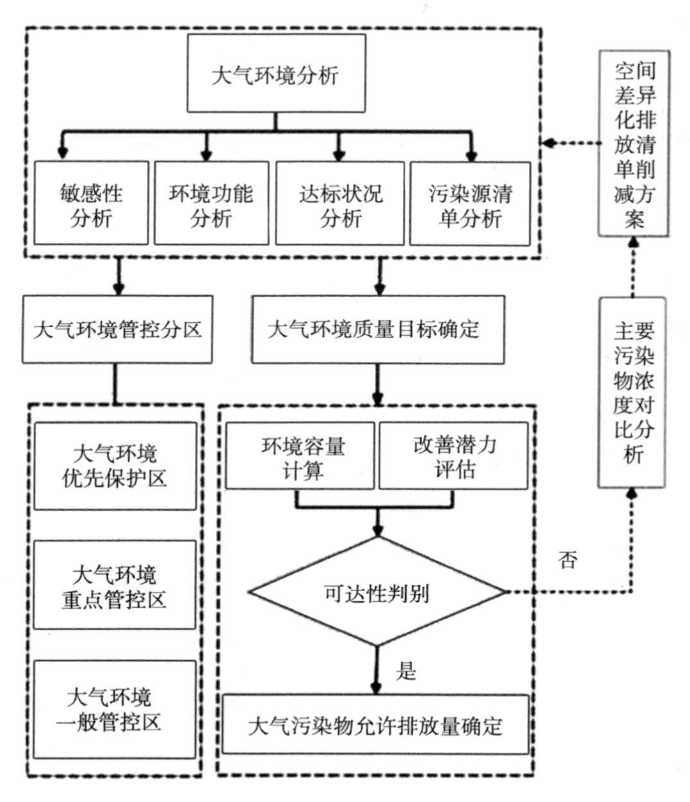

图 2.3 大气环境质量底线确定技术路线图

1. 大气环境分析

大气环境现状分析。分析大气环境质量现状和近年变化趋势，识别主要污染因子、特征污染因子及影响大气环境质量改善的关键制约因素。依据城市大气环境特点选择合适的技术方法，定量估算不同排放源和污染物排放对城市环境空气中主要污染物浓度的贡献，确定大气污染物主要来源，筛选重点排放行业和排放源。

区域间传输影响分析。估算周边区域不同污染源对目标城市环境空气中主要污染物浓度的贡献，识别大气污染联防联控的重点区域和重点控制行业。

2. 大气环境质量目标确定

衔接国家、区域、省域和本地区对区域大气环境质量改善的要求，结合大气环境功能区划，合理制定分区域分阶段环境空气质量目标。

3. 大气污染物允许排放量测算

环境容量测算。根据典型年气象条件、污染特征及数据资料基础，合理选择模型方法，以环境空气质量目标为约束，测算二氧化硫、氮氧化物、颗粒物、挥发性有机物、氨等主要污染物环境容量，地方可结合实际增加特征污染物环境容量测算。

大气环境质量改善潜力评估。基于大气污染源排放清单，利用大气环境质量模型，考虑经济社会发展、产业结构调整、污染控制水平、环境管理水平等因素，以环境质量目标为约束，构建不同措施组合的控制情景，分析测算工业、生活、交通、港口船舶等存量源污染减排潜力和新增源污染排放量，评估不同控制情景下大气环境质量改善潜力。

大气污染物允许排放量测算和校核。基于大气环境质量改善潜力和环境质量目标可达性，参考环境容量，综合考虑经济发展特点与目标、技术可行性等因素，并预留一定的安全余量，测算全市、各区县主要大气污染物允许排放量，对重点工业园区污染排放给出管控要求。各地可根据实际情况，结合排污许可证管理要求，进一步核算主要行业大气污染物允许排放量。根据大气环境质量现状数据与目标的差异，结合现状污染物排放情况，对允许排放量进行校核，允许排放量不应高于上级政府下达的同口径污染物排放总量指标要求。

4. 大气环境管控分区

将环境空气一类功能区作为大气环境优先保护区。

将环境空气二类功能区中的工业集聚区等高排放区域，上风向、扩散通道、环流通道等影响空气质量的布局敏感区域，静风或风速较小的弱扩散区域，城镇中心及集中居住、医疗、教育等受体敏感区域等作为大气环境重点管控区。

将环境空气二类功能区中的其余区域作为一般管控区。

四、土壤环境风险管控底线

土壤环境风险管控底线是根据土壤环境质量标准及土壤污染防治相关规划、行动计划要求，对受污染耕地及污染地块安全利用目标、空间管控提出的明确要求。具体的技术路线见图 2. 4。

1. 土壤环境分析

利用国土、农业、环保等部门的土壤环境监测调查数据，并结合全国土壤污染状况详查，参照国家有关标准规范，对农用地、建设用地和未利用地土壤污染状况进行分析评价，确定土壤污染的潜在风险和严重风险区域。

2. 土壤环境风险管控底线确定

衔接土壤环境质量标准及土壤污染防治相关规划、行动计划要求，以受污染耕地及污染地块安全利用为重点，确定土壤环境风险管控目标。

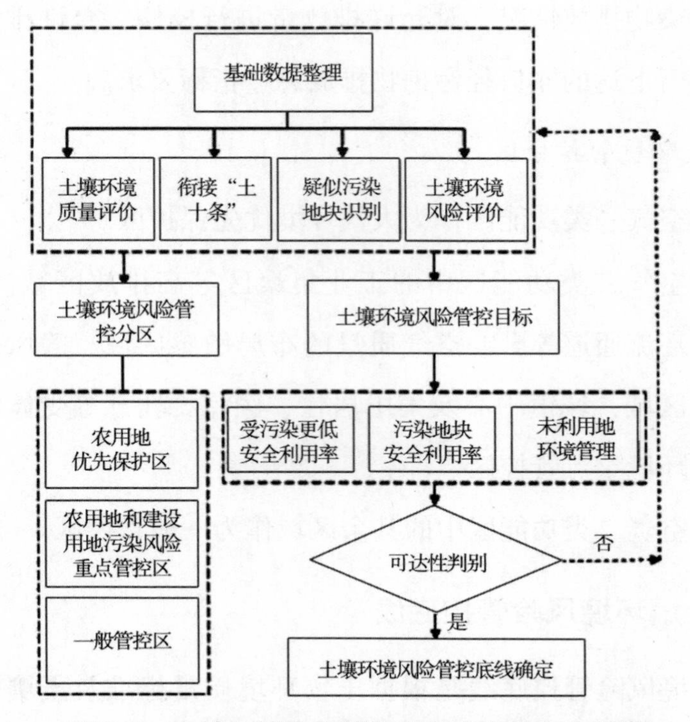

图 2.4 土壤环境风险管控底线确定技术路线图

3. 土壤污染风险管控分区

依据土壤环境分析结果，参照农用地土壤环境状况类别划分技术指南，农用地划分为优先保护类、安全利用类和严格管控类，将优先保护类农用地集中区作为农用地优先保护区，将农用地严格管控类和安全利用类区域作为农用地污染风险重点管控区。

筛选涉及有色金属冶炼、石油加工、化工、焦化、电镀、制革等行业生产经营活动和危险废物贮存、利用、处置活动的地块，识别疑似污染地块。基于疑似污染地块环境初步调查结果，建立污染地块名录，确定污染地块风险等级，明确优先管理对象，将污染地块纳入建设用地污染风险重点管控区。

其余区域纳入一般管控区。

第四节 资源利用上线

一、工作要求

以改善环境质量、保障生态安全为目的，确定水资源开发、土地资源利用、能源消耗的总量、强度、效率等要求。基于自然资源资产“保值增值”的基本原则，编制自然资源资产负债表，确定自然资源保护和开发利用要求。

二、水资源利用上线

水资源利用要求衔接。通过历史趋势分析、横向对比、指标分析等方法，分析近年水资源供需状况。衔接既有水资源管理制度，梳理用水总量、地下水开采总量和最低水位线、万元国内生产总值用水量、万元工业增加值用水量、灌溉水有效利用系数等水资源开发利用管理要求，作为水资源利用上线管控要求。

生态需水量测算。基于水生态功能保障和水环境质量改善要求，对涉及重要生态服务功能、断流、重度污染、水利水电梯级开发等河段，测算生态需水量等指标，明确需要控制的水面面积、生态水位、河湖岸线等管控要求，纳入水资源利用上线。

重点管控区确定。根据生态需水量测算结果，将相关河段划为生态用水补给区，纳入水资源重点管控区，实施重点管控。根据地下水超采、地下水漏斗、海水入侵等状况，衔接各部门地下水开采相关空间管控要求，将地下水严重超采区、已发生严重地面沉降、海（咸）水入侵等地质环境问题的区域，以及泉水涵养区等需要特殊保护的区域划为地下水开采重点管控区。

三、土地资源利用上线

土地资源利用要求衔接。通过历史趋势分析、横向对比、指标分析等方法，分析城镇、工业等土地利用现状和规划，评估土地资源供需形势。衔接国土、规划、建设等部门对土地资源开发利用总量及强度的管控要求，作为土地资源利用上线管控要求。

重点管控区确定。考虑生态环境安全，将生态保护红线集中、重度污染农用地或污染地块集中的区域确定为土地资源重点管控区。

四、能源利用上线

能源利用要求衔接。综合分析区域能源禀赋和能源供给能力，衔接国家、省、市能源利用相关政策与法规、能源开发利用规划、能源发展规划、节能减排规划，梳理能源利用总量、结构和利用效率要求，作为能源利用上线管控要求。

煤炭消费总量确定。已经下达或制定煤炭消费总量控制目标的城市，严格落实相关要求；尚未下达或制定煤炭消费总量控制目标的城市，以大气环境质量改善目标为约束，测算未来能源供需状况，采用污染排放贡献系数等方法，确定煤炭消费总量。

重点管控区确定。考虑大气环境质量改善要求，在人口密集、污染排放强度高的区域优先划定高污染燃料禁燃区，作为重点管控区。

五、自然资源资产核算及管控

自然资源资产核算。根据《编制自然资源资产负债表试点方案》，记录各区县行政单元区域内耕地、草地等土地资源面积数量和质量等级，天然林、人工林等林木资源面积数量和单位面积蓄积量，水库、湖泊等水资源总量、水质类别等自然资源资产期初、期末的实物量，核算自然资源资产数量和质量变动情况，编制自然资源资产负债表，构建各行政单元内自然资源资产数量增减和质量变化统计台账。

重点管控区确定。根据各区县耕地、草地、森林、水库、湖泊等自然资源核算结果，加强对数量减少、质量下降的自然资源开发管控，将自然资源数量减少、质量下降的区域作为自然资源重点管控区。

第五节 环境管控单元

一、工作要求

根据生态保护红线、生态空间、环境质量底线、资源利用上线的分区管控要求，衔接乡镇街道和区县行政边界，综合划定环境管控单元，实施分类管控。各地可根据自然环境特征、人口密度、开发强度、生态环境管理基础能力等因素，合理确定环境管控单元的空间尺度。

二、环境管控单元划定

将规划城镇建设区、乡镇街道、工业园区（集聚区）等边界与生态保护红线、生态空间、水环境管控分区、大气环境管控分区、土壤污染风险管控分区、资源利用上线管控分区等进行叠加，采用逐级聚类的方法，确定环境管控单元。

三、环境管控单元分类

分析各环境管控单元生态、水、大气、土壤等环境要素的区域功能及自然资源利用的保护、管控要求等，将环境管控单元划分为优先保护、重点管控和一般管控等三类（详见表2.1）。

表2.1 环境管控单元分类

<table>
<tr><th rowspan="2">生态环境空间分区</th><th colspan="3">管控单元分类</th></tr>
<tr><th>优先保护</th><th>重点管控</th><th>一般管控</th></tr>
<tr><td>生态空间分区</td><td>生态保护红线</td><td>其他生态空间</td><td rowspan="17">其他区域</td></tr>
<tr><td rowspan="3">水环境管控分区</td><td rowspan="3">水环境优先保护区</td><td>水环境工业污染重点管控区</td></tr>
<tr><td>水环境城镇生活污染重点管控区</td></tr>
<tr><td>水环境农业污染重点管控区</td></tr>
<tr><td rowspan="4">大气环境管控分区</td><td rowspan="4">大气环境优先保护区</td><td>大气环境高排放重点管控区</td></tr>
<tr><td>大气环境布局敏感重点管控区</td></tr>
<tr><td>大气环境弱扩散重点管控区</td></tr>
<tr><td>大气环境受体敏感重点管控区</td></tr>
<tr><td rowspan="2">土壤污染风险管控分区</td><td rowspan="2">农用地优先保护区</td><td>农用地污染风险重点管控区</td></tr>
<tr><td>建设用地污染风险重点管控区</td></tr>
<tr><td rowspan="5">自然资源管控分区</td><td rowspan="5"></td><td>生态用水补给区</td></tr>
<tr><td>地下水开采重点管控区</td></tr>
<tr><td>土地资源重点管控区</td></tr>
<tr><td>高污染燃料禁燃区</td></tr>
<tr><td>自然资源重点管控区</td></tr>
</table>

优先保护单元：包括生态保护红线、水环境优先保护区、大气环境优先保护区、农用地优先保护区等，以生态环境保护为主，禁止或限制大规模的工业发展、矿产等自然资源开发和城镇建设。

重点管控单元：包括生态保护红线外的其他生态空间、城镇和工业园区（集聚区），人口密集、资源开发强度大、污染物排放强度高的区域，根据单元内水、大气、土壤、生态等环境要素的质量目标和管控要求，以及自然资源管控要求，综合确定准入、治理清单。

一般管控单元：包括除优先保护类和重点管控类之外的其他区域，执行区域生态环境保护的基本要求。

第六节 环境准入负面清单

一、工作要求

根据环境管控单元涉及的生态保护红线、环境质量底线、资源利用上线的管控要求，从空间布局约束、污染物排放管控、环境风险防控、资源利用效率等方面，针对环境管控单元提出优化布局、调整结构、控制规模等调控策略及导向性的环境治理要求，分类明确禁止和限制的环境准入要求。

二、负面清单的编制

1. 空间布局约束

对于各类优先保护单元以及生态保护红线以外的其他生态空间，应从环境功能维护、生态安全保障等角度出发，优先从空间布局上禁止或限制有损该单元生态环境功能的开发建设活动。

2. 污染物排放管控

对于水环境重点管控区、大气环境重点管控区等管控单元，应加强污染排放控制，重点从污染物种类、排放量、强度和浓度上管控开发建设活动，提出主要污染物允许排放量、新增源减量置换和存量源污染治理等方面的环境准入要求。

3. 环境风险防控

对于各类优先保护单元、水环境工业污染重点管控区、大气环境高排放重点管控区，以及建设用地和农用地污染风险重点管控区，应提出环境风险防控的准入要求。

4. 资源利用效率要求

对于生态用水补给区、地下水开采重点管控区、高污染燃料禁燃区、自然资源重点管控区等管控单元，应针对区域内资源开发的突出问题，加严资源开发的总量、强度和效率等管控要求。

环境准入负面清单编制的具体要求详见表 2.2。

表 2.2　环境准入负面清单编制

管控类型	管控单元	编制指引
空间布局约束	生态保护红线	1. 严禁不符合主体功能定位的各类开发活动。 2. 严禁任意改变用途。 3. 已经侵占生态保护红线的，应建立退出机制，制定治理方案及时间表。 4. 结合地方实际，编制生态保护红线正面清单。
	其他生态空间	1. 避免开发建设活动损害其生态服务功能和生态产品质量。 2. 已经侵占生态空间的，应建立退出机制，制定治理方案及时间表。
	水环境优先保护区	1. 避免开发建设活动对水资源、水环境、水生态造成损害。 2. 保证河湖滨岸的连通性，不得建设破坏植被缓冲带的项目。 3. 已经损害保护功能的，应建立退出机制，制定治理方案及时间表。
	大气环境优先保护区	1. 应在负面清单中明确禁止新建、改扩建排放大气污染物的工业企业。 2. 制定大气污染物排放工业企业退出方案及时间表。

续表

管控类型	管控单元	编制指引
空间布局约束	农用地优先保护区	1. 严格控制新建有色金属冶炼、石油加工、化工、焦化、电镀、制革等具有有毒有害物质排放的行业企业。 2. 应划定缓冲区域，禁止新增排放重金属和多环芳烃、石油烃等有机污染物的开发建设活动。 3. 现有相关行业企业加快提标升级改造步伐，并应建立退出机制，制定治理方案及时间表。
污染物排放管控	水环境工业污染重点管控区；水环境城镇生活污染重点管控区	1. 应明确区域及重点行业的水污染物允许排放量。 2. 对于水环境质量不达标的管控单元：应提出现有源水污染物排放削减计划和水环境容量增容方案；应对涉及水污染物排放的新建、改扩建项目提出倍量削减要求；应基于水质目标，提出废水循环利用和水污染物排放控制要求。 3. 对于未完成区域环境质量改善目标要求的管控单元：应提出暂停审批涉水污染物排放的建设项目等环境管理特别措施。
	水环境农业污染重点管控区	1. 应科学划定畜禽、水产养殖禁养区的范围，明确禁养区内畜禽、水产养殖退出机制。 2. 应对新建、改扩建规模化畜禽养殖场（小区）提出雨污分流、粪便污水资源化利用等限制性准入条件。 3. 对于水环境质量不达标的管控区，应提出农业面源整治要求。
	大气环境布局敏感重点管控区；大气环境弱扩散重点管控区；大气环境受体敏感重点管控区	1. 应明确区域大气污染物允许排放量及主要污染物排放强度，严格控制涉及大气污染物排放的工业项目准入。 2. 提出区域大气污染物削减要求。
	大气环境高排放重点管控区	1. 应明确区域及重点行业的大气污染物允许排放量。 2. 对于大气环境质量不达标的管控单元：应结合源清单提出现有源大气污染物排放削减计划；对涉及大气污染物排放的新建、改扩建项目应提出倍量削减要求；应基于大气环境目标提出加严的大气污染物排放控制要求。 3. 对于未完成区域环境质量改善目标要求的：应提出暂停审批涉及大气污染物排放的建设项目环境准入等环境管理特别措施。

续表

管控类型	管控单元	编制指引
环境风险防控	各优先保护单元；水环境工业污染重点管控区；水环境城镇生活污染重点管控区；大气环境受体敏感重点管控区	针对涉及易导致环境风险的有毒有害和易燃易爆物质的生产、使用、排放、贮运等新建、改扩建项目：应明确提出禁止准入要求或限制性准入条件以及环境风险防控措施。
	农用地污染风险重点管控区	1. 分类实施严格管控：对于严格管控类，应禁止种植食用农产品；对于安全利用类，应制定安全利用方案，包括种植结构与种植方式调整、种植替代、降低农产品超标风险。 2. 对于工矿企业污染影响突出、不达标的牧草地：应提出畜牧生产的管控限制要求。 3. 禁止建设向农用水体排放含有毒、有害废水的项目。
	建设用地污染风险重点管控区	1. 应明确用途管理，防范人居环境风险。 2. 制定涉重金属、持久性有机物等有毒有害污染物工业企业的准入条件。 3. 污染地块经治理与修复，并符合相应规划用地土壤环境质量要求后，方可进入用地程序。
资源开发效率要求	生态用水补给区	1. 应明确管控区生态用水量（或水位、水面）。 2. 对于新增取水的建设项目：应提出单位产品或单位产值的水耗、用水效率、再生水利用率等限制性准入条件。 3. 对于取水总量已超过控制指标的地区：应提出禁止高耗水产业准入的要求。
	地下水开采重点管控区	1. 应划定地下水禁止开采或者限制开采区，禁止新增取用地下水。 2. 应明确新建、改扩建项目单位产值水耗限值等用水效率水平。 3. 对于高耗水行业：应提出禁止准入要求，建立现有企业退出机制并制定治理方案及时间表。
	高污染燃料禁燃区	1. 禁止新建、扩建采用非清洁燃料的项目和设施。 2. 已建成的采用高污染燃料的项目和设施，应制定改用天然气、电或者其他清洁能源的时间表。

续表

管控类型	管控单元	编制指引
资源开发效率要求	自然资源重点管控区	1. 应明确提出对自然资源开发利用的管控要求，避免加剧自然资源资产数量减少、质量下降的开发建设行为。 2. 应建立已有开发建设活动的退出机制并制定治理方案及时间表。

第三章

“三线一单”编制文件依据

第一节 法律与条例

◆《中华人民共和国环境保护法》

◆《中华人民共和国大气污染防治法》

◆《中华人民共和国水污染防治法》

◆《中华人民共和国环境影响评价法》

◆《中华人民共和国自然保护区条例》

◆《规划环境影响评价条例》

◆《建设项目环境保护管理条例》

第二节 重要文件

◆《中共中央国务院关于加快推进生态文明建设的意见》（中发〔2015〕12号）

◆《中共中央国务院关于印发〈生态文明体制改革总体方案〉的

通知》（中发〔2015〕25号）

◆《国务院关于印发〈大气污染防治行动计划〉的通知》（国发〔2013〕37号）

◆《国务院关于印发〈水污染防治行动计划〉的通知》（国发〔2015〕17号）

◆《国务院关于印发〈土壤污染防治行动计划〉的通知》（国发〔2016〕31号）

◆《国务院关于印发〈“十三五”生态环境保护规划〉的通知》（国发〔2016〕65号）

◆《中共中央办公厅、国务院办公厅关于印发〈党政领导干部生态环境损害责任追究办法（试行）〉的通知》（中办发〔2015〕45号）

◆《中共中央办公厅、国务院办公厅关于印发〈省级空间规划试点方案〉的通知》（厅字〔2016〕51号）

◆《中共中央办公厅、国务院办公厅印发〈关于划定并严守生态保护红线的若干意见〉的通知》（厅字〔2017〕2号）

◆《中共中央办公厅、国务院办公厅关于建立资源环境承载能力监测预警长效机制的若干意见》（厅字〔2017〕25号）

◆《中共中央办公厅、国务院办公厅关于印发〈生态环境损害赔偿制度改革方案〉的通知》（中办发〔2017〕68号）

◆《国务院办公厅关于印发〈编制自然资源资产负债表试点方案〉的通知》（国办发〔2015〕82号）

◆《国务院办公厅关于印发〈控制污染物排放许可制实施方案〉的通知》（国办发〔2016〕81号）

◆《环境保护部、国家发展和改革委员会、住房和城乡建设部、水利部关于落实〈水污染防治行动计划〉实施区域差别化环境准入的指导意见》（环环评〔2016〕190 号）

◆《国家发展和改革委员会关于印发〈重点生态功能区产业准入负面清单编制实施办法〉的通知》（发改规划〔2016〕2205 号）

◆《环境保护部关于加强规划环境影响评价与建设项目环境影响评价联动工作的意见》（环发〔2015〕78 号）

◆《环境保护部关于规划环境影响评价加强空间管制、总量管控和环境准入的指导意见（试行）》（环办环评〔2016〕14 号）

◆《环境保护部关于印发〈“十三五”环境影响评价改革实施方案〉的通知》（环环评〔2016〕95 号）

◆《环境保护部关于以改善环境质量为核心加强环境影响评价管理的通知》（环环评〔2016〕150 号）

◆《环境保护部关于印发〈排污许可证管理暂行规定〉的通知》（环水体〔2016〕186 号）

◆《环境保护部关于做好环境影响评价制度与排污许可制衔接相关工作的通知》（环办环评〔2017〕84 号）

◆《环境保护部、国家发展和改革委员会关于印发〈生态保护红线划定指南〉的通知》（环办生态〔2017〕48 号）

◆《环境保护部关于印发〈水体达标方案编制技术指南〉的函》（环办污防函〔2016〕563 号）

◆《环境保护部、国家发展和改革委员会、水利部关于印发〈重点流域水污染防治规划（2016-2020 年）〉的通知》（环水体〔2017〕142 号）

◆《环境保护部关于印发〈重点流域水污染防治“十三五”规划编制技术大纲〉的函》(环办污防函〔2016〕107号)

◆《环境保护部关于发布〈大气颗粒物来源解析技术指南(试行)〉的通知》(环发〔2013〕92号)

◆《大气污染源优先控制分级技术指南(试行)》(环境保护部公告2014年第55号)

◆《污染地块土壤环境管理办法(试行)》(环境保护部令第42号)

◆《农用地土壤环境管理办法(试行)》(环境保护部农业部令第46号)

◆《建设用地土壤环境调查评估技术指南》(环境保护部公告2017年第72号)

第三节 主要技术规范

◆HJ130 规划环境影响评价技术导则总纲

◆GB/T13923 基础地理信息要素分类与代码

◆CH/T9004 地理信息公共平台基本规定

◆CH/T9005 基础地理信息数据库基本规定

◆HJ25.3 污染场地风险评估技术导则

◆HJ25.4 污染场地土壤修复技术导则

第四节 地方性文件

◆《内蒙古自治区生态环境厅研究“三线一单”工作推进事宜专

题会议纪要》(〔2020〕33 号)

◆《关于实施“三线一单”生态环境分区管控的意见》(内政发〔2020〕24 号)

第四章

“三线一单”对当今社会的重大影响

第一节　以环评为核心的环境准入体系对环境管理的意义

环评作为开发活动开展前的一道重要门槛，在控制污染物排放、提高清洁生产水平、减小生态破坏、节约自然资源、调整产业结构和布局优化经济增长、推动决策的科学化和民主化等方面发挥了重要作用。

更为重要的是，以环评为主的环境准入制度具有其他制度不可比拟的优势。

一是预防性制度具有成本效益最优的天然优势，在医学、社会学、工程学上已经得到广泛验证。赵树青等分析石家庄市疾病预防控制中心对2006—2015年流行性出血热等四种重点传染病的防控效益表明，四种重点传染病的发病人数较前10年共减少10200例，死亡病例减少17例；因减少发病死亡人数取得的经济效益达12915.77万元，总投资与总回收效益比值为1∶26.11。贺志峰对青少年犯罪防治策略的成本效益分析中发现，同样投入 1 美元，采取犯罪预防性介入策略平均可获得 4. 14～9. 57 美元的效益，而采取矫正性介入策略获得效益为 2. 16～2. 87 美元，相较于矫正性介入策略，预防性介入策略更经济合算。在环境管理上，环境准入制度作为一种预防性制度同样具有成本效益优势，防患于未然胜过事后补救。

二是准入制度早期介入的特性可以系统化开展环境管理的顶层设计。环境准入制度从决策源头落实人与自然和谐的理念，要求开发活动从思路上处理好环境保护与经济发展的关系，从根源上解决区域开发的布局性、结构性问题，避免污染治理和生态保护工作头痛医头、脚痛医脚。

在我国生态环境管理工作人员不足、经费有限、任务艰巨的状况下，环境准入制度仍将在相当长一段时间内扮演环境管理的重要角色，发挥不可替代的作用。

第二节 “放管服”背景下环境管理准入体系的不足

党中央、国务院不断深化“放管服”改革和优化营商环境的部署要求，推动政府职能转向减审批、强监管、优服务。在这一背景下，以环评为代表的环境准入制度的不足逐渐凸显。

一是工作周期长，制度效率低。一方面环评报告编制时间长，有些环境要素如地下水的评价周期长达一年。由于环评的委托主体不同，区域资源环境承载能力及敏感问题识别、区域环境质量及变化趋势等区域基础信息往往在多个环评工作中被反复收集、分析，重复开展工作给经济开发主体带来压力，也降低了环评制度的效率，不符合“放管服”改革中提出的减少重复管理、创新和加强监管的要求。另一方面环评审批时间长。随着近几年环评改革力度加大，国家和地方对项目环评的审批时限都提出了更严格的要求，但与其他行政审批事项的清单式管理相比，时间仍然偏长。而即便这样的审批时限对基层生态环境部门来说仍然存在较大难度，一些市县对环评审批权限下放出现明显的“接不住”现象。究其原因，除基层生态环境部门专业审批人员不足外，环评技术内容复杂，审批人员对区域生态环境理解有限、认识不清也是重要因素。

二是受开发活动制约大，环境管理工作较为被动。环评是针对具体的规划或项目方案开展的工作，有些地区对集中开发的区域不做规划，也就无法开展规划环评；还有一些地方为了规避开展规划环评，将一些开发性的规划改头换面，称为“行动”“方案”等，使得一些开发活动在规划阶段没有纳入环评管理，失去了环境监管早期介入的机会，给后续环境管理带来风险。

三是结论可验证性差，社会认可度不高。一方面，环评通常在经济开发活动（规划或项目）基本明确的阶段开展，评价对象是规划初稿或项目科研，此时区域开发格局已经基本确立，评价结论难以涉及区域战略性问题，影响了准入制度的效果和科学性。另一方面，规划环评和项目环评作为环境准入体系的主体制度，仅在经济开发活动方案制订阶段发挥作用，管理效果呈现点状特征，加之制度衔接不足，没有形成管理体系，结论可验证性不高，一定程度上加剧了社会对环评制度的质疑。

第三节 “三线一单”对重构环境准入体系的意义及不足

与规划环评和项目环评相比，“三线一单”主要针对区域的生态环境结构、功能、承载力、质量等环境影响的受体进行系统评价，对社会经济开发活动等环境影响的主体关注较少，成果的表达方式也有明显差异，但三种制度都是从不同角度提出环境准入要求，具有制度融合的可能性。将“三线一单”与规划环评和项目环评衔接，共同构建新的环境准入体系，对提升环境准入体系的质量和效率具有多重意义。

一、“三线一单”向决策源头延长环境准入管理，提升了准入体系的科学性

一是“三线一单”自身具有较好的系统性特征，保证了成果的科学性。“三线一单”以区域生态功能定位和经济发展方向确定环境质量目标底线，按生态空间分布和水、大气、土壤等环境要素的评价结果开展空间管控，以环境准入清单为成果出口，高度逻辑化的工作过程保障了成果具有战略性、系统性和整体性特征，为下一阶段的环境管理制度提供了较好的工作基础。

二是“三线一单”具有显著的空间化特征，提升了环境准入制度的科学性。“三线一单”强化空间落地，将生态保护红线、环境质量底线、资源利用上线转化为不同区域和环境控制单元的差异化管理和准入要求，为政府和企业同时提供了环境管理的空间可视化标准。

三是“三线一单”工作不受开发活动的制约，延长了环境准入制度的链条，可以更好发挥系统性预防作用。“三线一单”工作主要针对具体的区域流域开展，在规划尚未开展的阶段就介入，通过区域环境评价将环境管控要求落实到具体的空间，向决策源头延长了准入体系。同时，“三线一单”与规划环评和项目环评两个点状的环境准入制度串联起来形成一个制度链条，在一定程度上可以提升预防措施的可靠性和有效性。

二、“三线一单”汇总统一精准的基础信息，提升了准入体系的操作性

“三线一单”建立了数据规范、坐标统一的区域空间生态环境评价的工作底图，个别地市还采用了 1：10000 的高精度数据，加大了“三线一单”空间管控的能力和可行性。同时，“三线一单”基础资料和主要成果将在政府部门间共享，成果向社会公开，将极大提升环评工作的质量和效率。

一是可以强化政府的科学决策能力。“三线一单”要求省级统筹、地市落实，以政府为主体开展工作。通过“三线一单”工作，各级政府明确了本区域生态环境功能，梳理了生态环境现状，识别了区域主要生态环境问题，整合了多部门多领域的生态环境管理要求，促使各级政府完成了本区域生态环境的大摸底。“三线一单”工作将极大提升政府科学决策的能力，让各级环评审批人员心中有底，提高审批质量和效率。

二是可以提升环评编制单位的工作效率。“三线一单”的几项关键成果，包括区域生态环境关键问题、空间基础数据、生态环境分区

及管控要求等，可以大大减少规划环评和项目环评的基础性重复性工作。环评编制单位直接使用这些权威资料，将大为提升工作效率。

总之，“三线一单”可以促进政府的科学管理，提升公众参与环境管理的能力，帮助企业更好地落实环境治理责任，实现环境准入体系的高质量和高效率，从而促进高水平保护和高质量发展。

三、发挥规划环评和项目环评实时性、灵活性特点，实现精细化准入管理

“三线一单”虽然具有综合性、系统性的突出优势，但当前阶段仍难以独立承担环境准入的职责，需要规划环评和项目环评进行不同程度地细化和补充。

一是“三线一单”由于工作尺度大、介入时段早，难以提出较为精细、具体的管控要求。“三线一单”目前按省级层面、地市层面、新区层面等分别开展编制工作，工作范围远大于工业园区规划、矿区规划等常见的规划环评的范围，较大的工作尺度难免带来工作精度不足。规划环评和项目环评针对具体的开发活动“量身定制”管控要求，差异化、精细化程度高，能够有效避免环境管理“一刀切”。

二是规划环评和项目环评还可以提升环境管控的时效性。我国社会经济发展迅速，区域生态环境质量和污染特征变化快，环境管理要求日新月异，“三线一单”的动态更新机制难以保证对微观开发活动管控要求的更新。规划环评和项目环评伴随规划或建设项目同步开展，能够依据最新的政策要求和区域环境现状提出环境管理要求，避免要求“过时”。

考虑到“三线一单”在工作尺度和时效性上的劣势，“三线一单”

各项管控要求宜粗不宜细，应给后续规划环评和项目环评留出精细化管理的空间，避免因管控要求过细导致的失真。

第四节 “三线一单”与规划环评和项目环评衔接的关键环节

“三线一单”与规划环评和项目环评共同构建的生态环境准入体系，应有各担其责、互不重复的制度分工，从制度的顶层设计上就杜绝工作重复量大、周期长的问题，因此必须明确各项制度的职责定位、衔接环节等关键问题。

一、明确三项制度不同的职责定位和责任主体

“三线一单”是基层政府对本区域生态环境管理的宏观把握，制度职责是明确生态环境管控分区，给出区域现有污染源排放削减方向和新增污染源准入水平，指明区域未来资源环境管控的重点，是环境准入中的综合准入要求，是区域各类开发活动的基础性普适性准则。这项工作的责任主体是各级政府，成果既适用于区域内各类开发活动，也是政府行政审批的重要依据，是政府提升行政能力的重要抓手。

规划环评是行业部门对本行业、本园区生态环境管理工作的整体性思考，其制度职责是对照“三线一单”，分析规划在选址、布局、污染物排放和生态影响方面的环境合理性，提出减轻规划实施后造成的生态环境影响的对策，以及对规划包含具体项目的环境管控的要求，是环境准入中的行业准入要求。这项工作的责任主体是编制规划的政府部门。

项目环评是企业对具体建设项目的环境管理方案，职责是在满足“三线一单”和规划环评管控要求的基础上，进一步提出建设项目减缓环境影响的优化方案和工程措施，是环境准入中的项目准入要求。这项工作的责任主体是建设单位。

二、厘清三项制度的衔接环节

对于不同类型的规划环评，“三线一单”与之衔接的环节可以有所不同：产业园区规划环评与“三线一单”的衔接可通过“一单”来实现，重点关注园区产业方向和规模是否满足生态环境准入清单要求；流域开发等规划环评与“三线一单”的衔接可通过“三线”来实现，重点关注规划选址是否满足生态红线及水资源利用上线等要求。

规划环评中对项目环评的管理要求是实现规划环评和项目环评联动的关键环节。规划环评提出的下阶段项目环评管理要求应包括项目环评可简化的内容和需强化的工作。一方面，对规划环评已解决的行业定位、空间选址和累积影响等问题，项目环评可简化工作；另一方面，对规划环评阶段难以分析透彻的问题，如特征污染物的环境影响等应作为项目环评的工作重点。

三、完善三项制度间的信息交互

一方面，“三线一单”—规划环评—项目环评等制度间是逐级落实的关系，应确保准入制度要求的一致性、系统性。规划环评是承上启下的准入制度，既要充分衔接区域“三线一单”成果，论证规划确定的产业定位、发展规模和功能布局等的环境合理性，又要细化生态环境准入清单管控要求，明确项目环评可以简化和应强化分析的内容。项目环评要将规划环评结论及审查意见作为重要依据，建设项目选址选线、规模、性质和工艺路线等应与规划环评结论及审查意见相符。

对符合“三线一单”要求的规划，可考虑在环评中简化规划符合性分析、区域环境承载力分析等基础性工作，甚至下放规划环评的技术审查层级、简化环评文件的类型等；对符合规划环评要求的项目，可考虑对环评豁免、简化、降低审批层级等。

另一方面，三项制度还可以通过逆向信息验证提升准入管理的科学性。项目实施和运行过程，既是对项目环评管理要求合理性的验证，也是对规划环评中提出的项目环评简化及强化内容科学性的验证。验证结果可以帮助规划环评修正对项目环评管控要求，进而形成更具操作性的技术规范。同样，规划实施过程中，也是对上层位“三线一单”管控要求合理性的验证，可以促进“三线一单”在动态更新中修订优化成果。

·第二篇·

技术篇

第五章
“三线一单”数据采集存储和管理技术

第一节　数据库物理设计

一、物理模型设计

物理设计包括了逻辑模型中各种实体表的具体化，例如表的数据结构类型、索引策略、存放位置和存储分配等。在进行物理模型的设计实现时，所考虑的因素有：I/O 存取时间、空间利用率及维护的代价。

为确定物理模型，设计人员做了这样几方面工作：首先全面了解所选用的数据库管理系统，特别是存储结构和存取方法；其次了解数据环境、数据的使用频率及使用方式、数据规模及响应时间要求等，这些都是对时间和空间效率进行平衡和优化的重要依据；最后还需要了解外部存储设备的特征。只有这样才能在数据的存储需求与外部存储设备条件两者之间获得平衡。

在物理设计时，常常要按数据的重要性、使用频率及对反应时间的要求进行分类，并将不同类型的数据分别存储在不同的存储设备中。重要性高、经常存取并对反应时间要求高的数据存放在高速存储设备上；存取频率低或对存取响应时间要求低的数据则可以存放在低速存储设备上。另外，在设计时还要考虑数据在特定存储介质上的布局。

二、索引策略设计

数据库的数据量很大，因而需要对数据的存取路径进行仔细地设计和选择，可以设计索引结构来提高数据存取效率，对各个数据存储建立专用的索引和复杂的索引，以获取较高的存取效率。虽然建立它们需要付出一定的代价，但建立后一般不需要过多的维护。

最初，一般都是按主关键字和大多数外部关键字建立索引，通常不要添加很多的其他索引。在表建立大量的索引后，对表进行分析等具体使用时，可能需要许多索引，这会导致表的维护时间也随之增加。如果从主关键字和外部关键字着手建立索引，并按照需要添加其他索引，就会避免首先建立大量的索引带来的后果。如果表格过大，而且需要另外增加索引，那么可以将表进行分割处理。如果一个表中所有用到的列都在索引文件中，就不必访问事实表，只要访问索引就可以达到访问数据的目的，以此来减少 I/O 操作。如果表太大，并且经常要对它进行长时间的扫描，那么就要考虑添加一张概括表以减少数据的扫描任务。

三、存储策略设计

确定数据的存储结构和表的索引结构后，需要进一步确定数据的存储位置和存储策略，以提高系统的 I/O 效率。

下面为存储优化方法。

1. 表的归并

当几个表的记录分散存放在几个物理块中时，多个表的存取和连接操作的代价会很大。这时可以将需要同时访问的表在物理上顺序存放，或者直接通过公共关键字将相互关联的记录放在一起。

表的归并只有在访问序列经常出现或者表之间具有很强的访问相关性时才有较好的效果，对于很少出现的访问序列和没有强相关性的表，使用表的归并没有效果。

2. 引入冗余

一些表的某些属性可能在许多地方都要用到，将这些属性复制到多个主题中，可以减少处理时存取表的个数。

3. 建立数据序列

按照某一固定的顺序访问并处理一组数据记录。将数据按照处理顺序存放到连续的物理块中，形成数据序列。

4. 表的物理分割

每个主题中的各个属性存取频率是不同的。将一张表按各属性被存取的频率分成两个或多个表，将具有相似访问频率的数据组织在一起。

5. 生成派出数据

在原始数据的基础上进行总结或计算，生成派出数据，可以在应用中直接使用这些派出数据，减少 I/O 次数，免去计算或汇总步骤。在更高级别上建立公用数据源，避免了不同用户重复计算可能产生的偏差。

第二节　数据库优化设计

在数据库管理层面，通过实施以下工作来提高性能的优化。

一、数据模型优化

通过规划基础业务支撑层，上层应用的取数尽量从支撑层中取数，这样既保证了取数口径的一致性，从系统设计上为保证应用数据质量提供了基础，同时减少了数据的重复汇总，减少了对系统资源的开销和资源争用的情况，从侧面提高单个应用的处理效率。

二、数据处理优化

定期完成以下工作：

1. 数据库服务器资源（CPU、内存、IO）使用监控和优化
2. SQL 监控和优化
3. 每天运行时间超过 2 小时的任务列表的监控和优化
4. 存储利用率监控和优化、数据倾斜度监控和优化等

进一步加强这些工作的自动化和智能化，如对数据处理任务进行分析，动态管理任务运行基准，提供相应报表、多维分析和即席查询和报警机制，通过对有性能问题的任务进行问题分析，并提出优化方案，并按相应流程实施。

三、数据存储优化

对于数据压缩优化方案，系统提供进行数据压缩的方法，供管理员自动或手动执行。

第三节 数据库安全设计

为了保证数据库数据的安全可靠性和正确有效，数据库管理系统必须提供统一的数据保护功能。数据保护也称为数据控制，主要包括数据库的安全性、完整性、并发控制和恢复。

1. 数据库的安全性

数据库的安全性是指保护数据库以防止不合法的使用所造成的数据泄露、更改或破坏。在数据库系统中大量数据集中存放，为许多用户共享，使安全问题更为突出。

数据库安全可分为二类：系统安全性和数据安全性。系统安全性是指系统级控制数据库的存取和使用机制，包含：

有效的用户名/口令的组合，防止未授权用户登录数据库，破坏数据；

一个用户是否授权可连接数据库，防止用户通过登录其他数据库后，未授权连接该数据库；

用户对象可用的磁盘空间数量，登录的用户可访问的逻辑分区空间，实现数据的分区管理；

用户的资源限制，授权用户在可访问的分区中，可以操作哪些数据资源；

数据库审计是否是有效的；

用户可执行哪些系统操作，控制用户对数据库中可以执行的操作。

数据安全性是指对象级控制数据库的存取和使用机制，主要指哪些用户可存取指定的模式对象及在对象上允许作哪些操作类型。

本项目将利用下列机制保证数据库安全性：

（1）数据库的存取控制

1）服务器级别的安全机制

这个级别的安全性主要通过登录帐户进行控制，要想访问一个数据库服务器，必须拥有一个登录账户。登录账户可以是 Windows 账户或组，也可以是 SQL Server 的登录账户。登录账户可以属于相应的服务器角色。至于角色，可以理解为权限的组合。

2）数据库级别的安全机制

这个级别的安全性主要通过用户帐户进行控制，要想访问一个数据库，必须拥有该数据库的一个用户账户身份。用户账户是通过登录账户进行映射的，可以属于固定的数据库角色或自定义数据库角色。

3）数据对象级别的安全机制

这个级别的安全性通过设置数据对象的访问权限进行控制。

（2）特权和角色

1）特权

特权是执行一种特殊类型的 SQL 语句或存取另一用户的对象的权力，分为系统特权和对象特权。系统特权是执行一组特殊动作或者在对象类型上执行一种特殊动作的权利。系统特权可授权给用户或角色。对象特权是指在特定的表、视图、序列、过程、函数或包上执行特殊动作的权利。对于不同类型的对象，有不同类型的对象特权。

对于包含在某用户名模式中的对象，该用户对这些对象自动地具有全部对象特权，即模式的持有者对模式中的对象具有全部对象特权。这些对象的持有者可将这些对象上的任何对象特权授权给其他用户。

2）角色

为相关特权的命名组，可授权给用户和角色。利用角色更容易地进行特权管理，具有下列优点：

◆减少特权管理，不要显式地将同一特权组授权给几个用户，只需将这特权组授给角色，然后将角色授权给每一用户。

◆动态特权管理，如果一组特权需要改变，只需修改角色的特权，所有授给该角色的全部用户的安全域将自动地反映对角色所作的修改。

◆特权的选择可用性，授权给用户的角色可选择地使其能或不能。

◆应用可知性，当用户使用一个用户名执行应用时，该数据库应用可查询字典，将自动地选择使角色使能或不能。

◆专门的应用安全性，角色使用可由口令保护，用户通过提供正确的口令进入系统，达到专用的应用安全性。因用户不知其口令，不能进入相应模块。

（3）审计

审计是对选定用户动作的监控和记录，主要内容包括：

1）审查可疑的活动。例如：数据被非授权用户所删除，此时安全管理员可决定对该数据库的所有连接进行审计，以及对数据库所有表的成功或不成功删除进行审计。

2）监视和收集关于指定数据库活动的数据。例如，DBA 可收集哪些被修改、执行了多少次逻辑的 I/O 等统计数据。

SQL Server 支持三种审计类型：

◆语句审计，对某种类型的 SQL 语句审计，不指定结构或对象。

◆特权审计，对执行相应动作的系统特权的使用审计。

◆对象审计，对一特殊模式对象上的指定语句的审计。

当启动了数据库的审计后，在语句执行阶段产生审计记录。审计记录包含有审计的操作、用户执行的操作、操作的日期和时间等信息。审计记录可存在数据字典表（称为审计记录）或操作系统审计记录中。

2. 数据完整性

数据的完整性是为了防止数据库存在不正确的数据，防止错误信息输入和输出，即数据要遵守由数据库管理员或应用程序开发者所决定的一组预定义的规则。SQL Server 应用于关系数据库的表的数据完整性有下列类型：

◆在插入或修改表的行时允许与不允许包含有空值的列，称为空与非空规则。

◆唯一列值规则，允许插入或修改的表行在该列上的值唯一。

◆引用完整性规则，同关系模型定义。

◆对用户定义的规则，进行复杂性完整性检查。

SQL Server 允许定义和实施上述每一种类型的数据完整性规则，这些规则可用完整性约束和数据库触发器定义。完整性约束，是对表的列定义一个规则的说明性方法。数据库触发器，是使用非说明方法实施完整性规则，利用数据库触发器（存储的数据库过程）可定义和实施任何类型的完整性规则。

（1）完整性约束

利用完整性约束机制防止无效的数据进入数据库的基表，如果任何 DML 执行结果破坏完整性约束，该语句被回滚并返回一上个错误。

（2）数据库触发器

SQL Server 允许定义过程，当对相关的表作 INSERT、UPDATE 或

DELETE 语句时，这些过程被隐式地执行。这些过程称为数据库触发器。在许多情况中触发器补充 SQL Server 的标准功能，提供高度专用的数据库管理系统。一般触发器用于：

◆自动地生成导出列值

◆防止无效事务

◆实施复杂的安全审核

◆在分布式数据库中实施跨结点的引用完整性

◆实施复杂的事务规则

◆提供透明的事件记录

◆提供高级的审计

◆维护同步的表副本

◆收集表存取的统计信息

3. 并发控制

数据库是一个共享资源，可为多个应用程序所共享。这些程序可串行运行，但在许多情况下，由于应用程序涉及的数据量可能很大，常常会涉及输入与输出的交换。为了有效地利用数据库资源，可能多个程序或一个程序的多个进程并行地运行，这就是数据库的并行操作。在多用户数据库环境中，多个用户程序可并行地存取数据库，如果不对并发操作进行控制，会存取不正确的数据，或破坏数据库数据的一致性。

数据不一致是由两个因素造成：一是对数据的修改，二是并行操作的发生。因此为了保持数据库的一致性，必须对并行操作进行控制。最常用的措施是对数据进行封锁。

4. 数据库备份及恢复

当我们使用一个数据库时，总希望数据库的内容是可靠的、正确的，但由于计算机系统的故障（硬件故障、软件故障、网络故障、进程故障和系统故障）影响数据库系统的操作，影响数据库中数据的正确性，甚至破坏数据库，使数据库中全部或部分数据丢失。当发生上述故障后，需要重新建立一个完整的数据库，该处理称为数据库恢复。

SQL Server 数据库使用多种措施保护数据：数据库备份、日志、回滚段和控制文件。

第六章
“三线一单”数据标准规范

三线一单数据建库离不开数据标准规范的建立，利用中国生态环境科学院制定“三线一单”标准的成功经验，制定内蒙古自治区“三线一单”的标准规范。由于“三线一单”数据涉及的种类繁多，数据库的建设首先是要确定数据的规范，通过统一数据的标准、规范，便于后续“三线一单”数据的交换与共享。根据“三线一单”成果数据规范，制定“生态保护红线、环境质量底线、资源利用上线和环境准入负面清单”（以下简称“三线一单”）成果数据的内容、形式和结构。

第一节　数据库建设标准规范

◆《“三线一单”数据共享系统建设工作方案》

◆《“三线一单”图件制图规范（试行修订版）》

◆《“三线一单”成果数据规范（试行）》

第二节　基本要求

一、数学基础

平面基准：采用2000国家大地坐标系（CGCS2000）。

高程基准：采用1985国家高程基准。

深度基准：采用理论深度基准面。

投影方式：一般情况下，底图数据采用地理坐标，坐标单位为度，保留6位小数。根据制图需要可采用高斯-克吕格投影，分带方式采用3°分带或6°分带，坐标单位为“米”，保留2位小数；涉及跨带的研究范围，应采用同一投影带。

二、数据精度

工作底图数据的平面与高程精度应不低于所采用的数据源精度。依据影像补充采集或修正的数据采集精度应控制在5个像素以内。

第三节　成果矢量数据内容

成果矢量数据具体内容包括：

◆环境管控单元矢量文件及元数据；

◆生态空间分区矢量文件及元数据；

◆水环境管控分区矢量文件及元数据；

◆大气环境管控分区矢量文件及元数据；

◆土壤污染风险管控分区矢量文件及元数据；

◆自然资源管控分区矢量文件及元数据；

矢量文件数据格式为 gdb（或 gml）格式，其中元数据是关于矢量文件数据的说明。

内蒙古自治区“三线一单”成果数据由原来的 25 个矢量文件、25 个元数据文件组成，变更为 26 个矢量文件、26 个元数据文件。这是根据 2019 年 1 月《“三线一单”岸线生态环境分类管控技术说明》增加了优先保护和重点管控的岸线。

文件的图件数据命名规则见 6.1，其中省级行政区划代码参考最新版国家标准（GB/T2260）。

表 6.1　文件的图件数据命名规则

序号	数据文件内容	数据文件命名规则
1	环境管控单元矢量文件	IntergratedControlUnit+两位省级行政区划代码
2	环境管控单元矢量文件元数据	IntergratedControlUnitMata+两位省级行政区划代码
3	生态保护红线矢量文件	EcoRedline+两位省级行政区划代码
4	生态保护红线矢量文件元数据	EcoRedlineMata+两位省级行政区划代码
5	一般生态空间矢量文件	EcoGenSpace+两位省级行政区划代码
6	一般生态空间矢量文件元数据	EcoGenSpaceMata+两位省级行政区划代码
7	生态空间一般管控区矢量文件	EcoGen+两位省级行政区划代码
8	生态空间一般管控区矢量文件元数据	EcoGenMata+两位省级行政区划代码
9	水环境优先保护区矢量文件	HydroPriority+两位省级行政区划代码
10	水环境优先保护区矢量文件元数据	HydroPriorityMata+两位省级行政区划代码
11	水环境重点管控区-水环境工业污染重点管控区矢量文件	HydroKeyIndustry+两位省级行政区划代码
12	水环境重点管控区-水环境工业污染重点管控区矢量文件元数据	HydroKeyIndustryMata+两位省级行政区划代码
13	水环境重点管控区-水环境城镇生活污染重点管控区矢量文件	HydroKeyUrban+两位省级行政区划代码

续表

序号	数据文件内容	数据文件命名规则
14	水环境重点管控区-水环境城镇生活污染重点管控区矢量文件元数据	HydroKeyUrbanMata+两位省级行政区划代码
15	水环境重点管控区-水环境农业污染重点管控区矢量文件	HydroKeyAngriculture+两位省级行政区划代码
16	水环境重点管控区-水环境农业污染重点管控区矢量文件元数据	HydroKeyAngricultureMata+两位省级行政区划代码
17	水环境一般管控区矢量文件	HydroGen+两位省级行政区划代码
18	水环境一般管控区矢量文件元数据	HydroGenMata+两位省级行政区划代码
19	大气环境优先保护区矢量文件	AtomsPriority+两位省级行政区划代码
20	大气环境优先保护区矢量文件元数据	AtomsPriorityMata+两位省级行政区划代码
21	大气环境重点管控区-大气环境高排放重点管控区矢量文件	AtomsKeyHighEmission+两位省级行政区划代码
22	大气环境重点管控区-大气环境高排放重点管控区矢量文件元数据	AtomsKeyHighEmissionMata+两位省级政区划代码
23	大气环境重点管控区-大气环境布局敏感重点管控区矢量文件	AtomsKeyLayoutSensitive+两位省级行政区划代码
24	大气环境重点管控区-大气环境布局敏感重点管控区矢量文件元数据	AtomsKeyLayoutSensitiveMata+两位省级行政区划代码
25	大气环境重点管控区-大气环境弱扩散重点管控区矢量文件	AtomsKeyWeakDiffusion+两位省级行政区划代码
26	大气环境重点管控区-大气环境弱扩散重点管控区矢量文件元数据	AtomsKeyWeakDiffusionMata+两位省级行政区划代码
27	大气环境重点管控区-大气环境受体敏感重点管控区矢量文件	AtomsKeyReceptorSensitive+两位省级行政区划代码
28	大气环境重点管控区-大气环境受体敏感重点管控区矢量文件元数据	AtomsKeyReceptorSensitiveMata+两位省级行政区划代码
29	大气环境一般管控区矢量文件	AtomsGen+两位省级行政区划代码
30	大气环境一般管控区矢量文件元数据	AtomsGenMata+两位省级行政区划代码
31	农用地优先保护区矢量文件	FarmPriority+两位省级行政区划代码
32	农用地优先保护区矢量文件元数据	FarmPriorityMata+两位省级行政区划代码
33	土壤污染风险重点管控区-农用地污染风险重点管控区矢量文件	SoilRiskKeyFarmRiskKey+两位省级行政区划代码

续表

序号	数据文件内容	数据文件命名规则
34	土壤污染风险重点管控区-农用地污染风险重点管控区矢量文件元数据	SoilRiskKeyFarmRiskKeyMata+两位省级行政区划代码
35	土壤污染风险重点管控区-建设用地污染风险重点管控区矢量文件	SoilRiskKeyConsRiskKey+两位省级行政区划代码
36	土壤污染风险重点管控区-建设用地污染风险重点管控区矢量文件元数据	SoilRiskKeyConsRiskKeyMata+两位省级行政区划代码
37	土壤污染风险一般管控区矢量文件	SoilRiskGen+两位省级行政区划代码
38	土壤污染风险一般管控区矢量文件元数据	SoilRiskGenMata+两位省级行政区划代码
39	自然资源重点管控区矢量文件	NRKey+两位省级行政区划代码
40	自然资源重点管控区矢量文件元数据	NRKeyMata+两位省级行政区划代码
41	自然资源重点管控区-生态用水补给区管控分区矢量文件	NRKeyEcoWaterSupply+两位省级行政区划代码
42	自然资源重点管控区-生态用水补给区管控分区矢量文件元数据	NRKeyEcoWaterSupplyMata+两位省级行政区划代码
43	自然资源重点管控区-地下水开采重点管控区矢量文件	NRKeyGroundWaterExploKey+两位省级行政区划代码
44	自然资源重点管控区-地下水开采重点管控区矢量文件元数据	NRKeyGroundWaterExploKeyMata+两位省级行政区划代码
45	自然资源重点管控区-土地资源重点管控区矢量文件	NRKeyLandReourceKey+两位省级行政区划代码
46	自然资源重点管控区-土地资源重点管控区矢量文件元数据	NRKeyLandReourceKeyMata+两位省级行政区划代码
47	自然资源重点管控区-高污染燃料禁燃区矢量文件	NRKeyHighPolluFuelForbidv+两位省级行政区划代码
48	自然资源重点管控区-高污染燃料禁燃区矢量文件元数据	NRKeyHighPolluFuelForbidMata+两位省级行政区划代码
49	自然资源-一般管控区矢量文件	NRGen+两位省级行政区划代码
50	自然资源-一般管控区矢量文件元数据	NRGenMata+两位省级行政区划代码

若存在上表要求之外的其他管控区类型，参照以上命名规则提交相应的矢量文件及元数据，其空间管控单元编码参照环境要素管控分区四级类目表按“其他”归类。

第四节 成果矢量数据属性表及属性项

环境管控单元矢量文件属性表结构见表 6.2，生态空间分区矢量文件、大气环境管控分区矢量文件、土壤污染风险管控分区矢量文件、自然资源管控分区矢量文件属性表结构见表 6.3，水环境管控分区矢量文件属性表结构见表 6.4，各属性项定义见表 6.5，矢量文件元数据结构见表 6.6。

表 6.2 环境管控单元矢量文件属性表结构

序号	属性项名称	属性项别名	是否必填	填写说明
1	HJGKDYBM	环境管控单元编码	是	共 13 位，依据编码规则填写
2	HJGKDYMC	环境管控单元名称	否	—
3	PROV	省级行政单元	是	省级行政单位全称
4	CITY	市级行政单元	是	地市级行政单位全称
5	COUNTY	县级行政单元	是	县级行政单位全称
6	GKDYFL	管控单元分类	是	1-优先保护/2-重点管控/3-一般管控
7	REMARKS	备注	否	环境管控单元划分说明

表 6.3 生态、大气、土壤、自然资源管控分区矢量文件属性表结构

序号	属性项名称	属性项别名	是否必填	填写说明
1	HJYSGKFQBM	环境要素管控分区编码	是	共 15 位，依据编码规则填写
2	HJYSGKFQMC	环境要素管控分区名称	否	—
3	PROV	省级行政单元	是	省级行政单位全称
4	CITY	市级行政单元	是	地市级行政单位全称
5	COUNTY	县级行政单元	是	县级行政单位全称
6	GKQFL	管控区分类	是	1-优先保护/2-重点管控/3-一般管控
7	HJYS	环境要素	是	1-生态/3-大气/4-土壤/5-自然资源
8	YSXL	要素细类	是	按照表 2 环境要素管控分区四级类目表中“三级类目名称”填写

表 6.4 水环境管控分区矢量文件属性表结构

序号	属性项名称	属性项别名	是否必填	填写说明
1	HJYSGKFQBM	环境要素管控分区编码	是	共 15 位，依据编码规则填写
2	HJYSGKFQMC	环境要素管控分区名称	否	—
3	PROV	省级行政单元	是	省级行政单位全称
4	CITY	市级行政单元	是	地市级行政单位全称
5	COUNTY	县级行政单元	是	县级行政单位全称
6	LYMC	流域名称	是	流域名称按照国家标准统一命名
7	HDMC	河段名称	是	河段名称按照国家标准统一命名
8	KZDMQDJD	控制断面起点经度	是	经度按照小数点后保留 6 位格式填写，如“115. 754093”
9	KZDMQDWD	控制断面起点纬度	是	纬度按照小数点后保留 6 位格式填写，如“39. 873529”
10	KZDMZDJD	控制断面终点经度	是	经度按照小数点后保留 6 位格式填写，如“115. 754093”
11	KZDMZDWD	控制断面终点纬度	是	纬度按照小数点后保留 6 位格式填写，如“39. 873529”
12	GKQFL	管控区分类	是	1-优先保护/2-重点管控/3-一般管控
13	HJYS	环境要素	是	2-水
14	YSXL	要素细类	是	按照表 2 环境要素管控分区四级类目表中“三级类目名称”填写

表 6.5 属性项定义

序号	属性项名称	属性项别名	字段类型	长度
1	HJGKDYBM	环境管控单元编码	TEXT	15
2	HJGKDYMC	环境管控单元名称	TEXT	64
3	PROV	省级行政单元	TEXT	16
4	CITY	市级行政单元	TEXT	16
5	COUNTY	县级行政单元	TEXT	16
6	GKDYFL	管控单元分类	TEXT	16

续表

序号	属性项名称	属性项别名	字段类型	长度
7	HJYSGKFQBM	环境要素管控分区编码	TEXT	15
8	HJYSGKFQMC	环境要素管控分区名称	TEXT	64
9	GKQFL	管控区分类	TEXT	16
10	HJYS	环境要素	TEXT	16
11	YSXL	要素细类	TEXT	64
12	LYMC	流域名称	TEXT	16
13	HDMC	河段名称	TEXT	64
14	KZDMQDJD	控制断面起点经度	FLOAT	（16，6）
15	KZDMQDWD1	控制断面起点纬度	FLOAT	（16，6）
16	KZDMZDJD1	控制断面终点经度	FLOAT	（16，6）
17	KZDMZDWD1	控制断面终点纬度	FLOAT	（16，6）

表 6.6　矢量文件元数据结构

序号	数据项名称	数据类型	长度	示例	说明
1	数据名称	TEXT	64	××省环境管控单元 矢量文件元数据	
2	平面坐标系	TEXT	64	2000 国家大地坐标系	固定值
3	高程基准	TEXT	64	1985 国家高程基准	固定值
4	数据生产时间	TEXT	16	201802	格式为 YYYYMM
5	数据版本	TEXT	16	V1.0	
6	数据管理单位	TEXT	64	××中心	
7	数据管理单位联系人	TEXT	16	张三	
8	数据管理联系人电话	TEXT	16	13166668888	

第五节　“三线一单” 成果文档材料

最终 “三线一单” 成果文档材料见表 6.7，包括以下内容：

表 6.7 成果文档材料内容

非结构化数据类型	命名格式	字段长度	文件类型
图片	××省+数据完成时间+图片名称+图片序号	256	Jpeg/bmp/tiff
文本	××省+数据完成时间+文本名称	256	Pdf/doc
文件夹	××省+数据完成时间+文件夹名称	256	/
其他	参考上述文档命名方式，名称应体现文件内容。		

注：文本材料包括成果文本和研究报告，所有文件须明确编制单位名称及联系方式。

第六节 "三线一单"支撑矢量数据

"三线一单"支撑矢量数据是指与"三线一单"最终成果分析应用相关的其他重要支撑性数据，为矢量图件数据 gdb（或 gml）格式，元数据结构同水环境管控分区成果数据表。目录清单、两位省级行政区划代码参考最新版国家标准（GB/T2260）。

表 6.8 "三线一单"支撑矢量数据目录清单

序号	图件内容	图件名称	图件性质	指南对应章节
1	水环境功能区划图	EnWaterFunction+两位省级行政区划代码	基础底图	水环境质量目标
2	水环境质量目标分区分时段图	EnWaterQuality+两位省级行政区划代码	支撑成果图	水环境质量目标
3	水环境污染物允许排放量分区图	EnWaterPolluDisposalControl+两位省级行政区划代码	支撑成果图	水污染物允许排放量测算—水污染物允许排放量测算与校核
4	大气环境功能区划图	EnAirFunction+两位省级行政区划代码	基础底图	大气环境质量底线—大气环境现状分析
5	大气环境质量目标分区分时段图	EnAirQuality+两位省级行政区划代码	支撑成果图	大气环境质量目标

续表

序号	图件内容	图件名称	图件性质	指南对应章节
6	大气环境污染物允许排放量分区图	EnAirPolluEmissionControl + 两位省级行政区划代码	支撑成果图	大气污染物允许排放量测算—大气污染物允许排放量测算和校核

注：图件命名应为省份全称+图件名称；所有支撑图件均可提供服务，并能在互联网上加载使用。

第七章
关键技术及技术优势

第一节　基于拓扑规则的成果矢量数据质检

“三线一单”成果数据中包括了成果矢量数据，矢量数据主要以面要素为主。确保这些面要素的空间位置、空间关系的准确性是成果数据校核的重要工作内容之一。地理信息系统使用拓扑关系来维护空间数据一致性和完整性，使用拓扑是为了管理要素间的共同边界、定义和维护数据的一致性法则。地理信息系统软件提供了几十种空间拓扑，其中与面要素相关的规则见表 7.1：

表 7.1　拓扑规则

规则	描述	示例
规则一：Mustnotoverlap	同一多边形要素类中多边形之间不能重叠（同一层之间的拓扑关系，不涉及到其他图层）。例如，宗地之间不能有重叠。	
规则二：Mustnothavegaps	多边形之间不能有空隙（同层之间的拓扑关系）。	

续表

规则	描述	示例
规则三：Mustnotoverlapwith	一个要素类中的多边形不能与另一个要素类中的多边形重叠（两个不同面层之间的关系）。	
规则四：Mustbecoveredbyfeatureclassof	多边形要素中的每一个多边形都被另一个要素类中的多边形覆盖（两个不同面层之间的关系）。	
规则五：Mustcovereachother	两个要素类中的多边形要相互覆盖，外边界要一致（两个不同面层之间的关系）。	
规 则 六：Areaboundarymustbecoveredbyboundaryof	某个多边形要素类的边界线在另一个多边形要素类的边界上。例如，县、市边界上必须有乡、镇边界，而且前者的边界必须被后者所重合。	

上述列举了几种面类型要素的空间拓扑规则关系。这些关系在“三线一单”成果矢量数据的空间关系校验上都可以应用到，能够发现各类空间管控单元、空间管控分区等矢量要素在空间位置、空间关系上的错误。

第二节　基于地理数据库技术的空间数据建库

地理数据库技术从出现开始一直都是地理类信息系统的基础技术。把数据存储在 Geodatabase 当中，来满足充分使用地理信息系统的全部功能的需求。Geodatabase 是一个综合性的信息模型，它可以支持存储矢量数据、属性、影像、地形和 3D 对象等任意类型的数据。存储这些类型的数据时，还可以定义子类、域、属性规则、连接规则、拓扑规则的行为，从而保证数据的完整性。

地理数据库是用于保存数据集集合的“容器”，它有以下三种类型：

1. 企业级地理数据库。企业级地理数据库是依托大型关系型数据库，将空间数据存储于关系数据库中，其存储能力依赖于所选择的大型关系型数据库。

2. 个人地理数据库。个人地理数据库可以选择关系型数据库，也可以将所有的数据集都存储于数据文件内。整个个人地理数据库的存储大小被有效地限制为介于 250 和 500MB 之间。

3. 文件地理数据库。在文件系统中以文件夹形式存储。每个数据集作为一个文件进行存储，该文件大小可扩展至 1TB（还可以选择将文件地理数据库配置为存储更大的数据集）。文件地理数据库可跨平台使用，还可以进行压缩和加密，以供只读和安全使用。

第三节　基于地理模型灵活构建模型

地理模型是在地理信息软件平台中用来创建模型的工具。当创建一个新模型时，将立即显示一个地理模型窗口。

地理模型的建立是通过将所用到的工具按照顺序链接起来，建立地理处理流程和脚本的可视化建模环境。在建立完成后，可以将创建的流程及脚本添加到工具箱中，在后续发布成地理处理服务供系统调用。

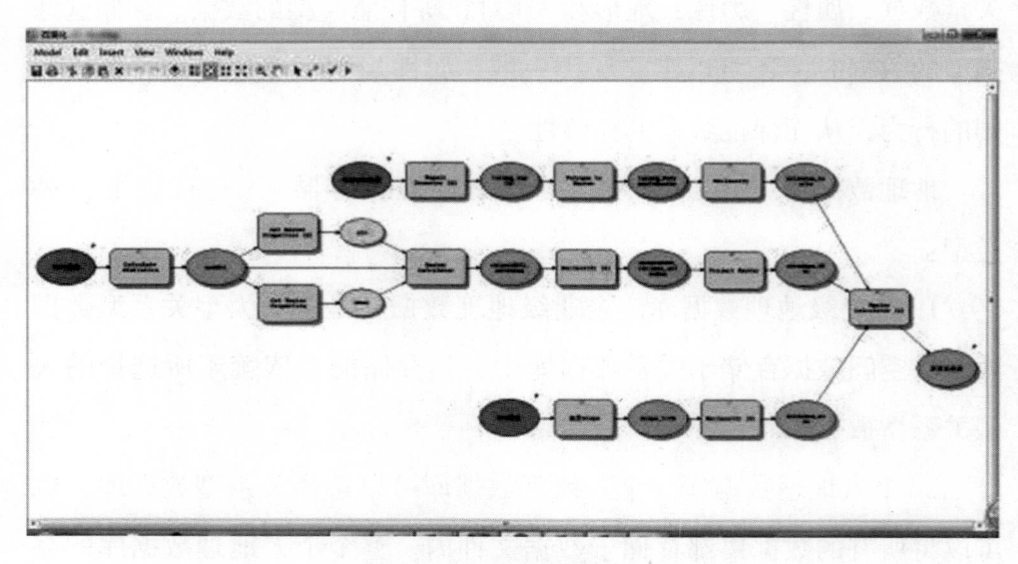

图 7.1　地理模型窗口

由于生态环境管控涉及指标较多，流程较为复杂，如果完全应用人工计算完成会消耗大量的时间，并且较难实现。而运用地理信息软件平台中的地理模型和 Python 脚本则能够灵活的搭建空间处理模型，而且将搭建的空间模型封装成为工具后可以实现多次调用，当在平台中有新的项目申报时，平台会自动执行这一评价流程。若其中有个别参数需要根据实际情况调整，也可以快速的在模型中定位并局部修改，并保证整个环节仍然可以有效的执行。固化的模型不但可以提高工作效率，其处理工作的质量也更有保障，进而满足了生态环境空间管控工作的实际需求。

自动化工作流和明了地理处理任务的最简单方法是创建一个模型。模型由一个处理或者更常见的是串在一起的多个处理组成。处理由一个工具、系统工具或自定义工具和它的参数值组成。模型可用来执行一个工作流，修改它以及通过单击重复执行它。

第四节　基于空间大数据的快速分析

空间大数据高级分析技术是一款用于矢量大数据分析处理的服务器产品，可利用分布式计算和存储来处理带有时间和空间属性的大规模矢量或者表格数据。对于亿万级别数据量的空间分析，原来需要几天、几周的时间才能处理完成，现在分钟级即可实现，大大提升了庞大空间数据分析处理的效率。

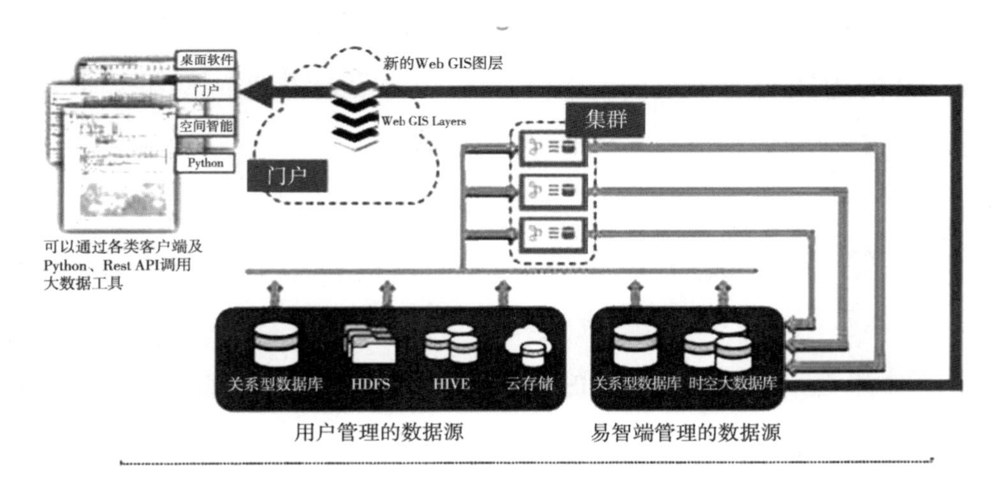

图 7.2　大数据分析架构

数据层：空间大数据高级分析支持多种来源的大数据，如文件型、云存储、HDFS 或者 Hive 数据仓库。数据存储支持时空大数据库或关系型数据库。

服务器层：多个节点的空间大数据分析服务器集群。空间大数据分析服务器封装了 Spark 分布式计算框架，一旦接到任务请求，会将任务进行分解并根据当前资源情况将计算任务分配到空间大数据分析服务器集群中不同的节点，多节点同时进行运算。

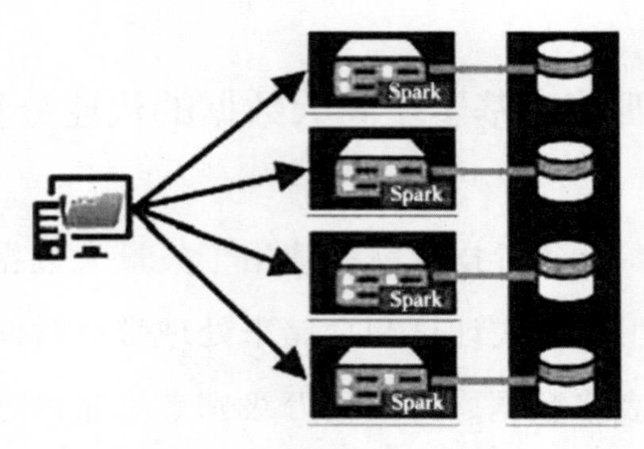

图 7.3 大数据分析架构

客户端：客户端发送任务请求，并对结果服务进行加载和渲染。目前集成大数据分析能力的客户端包括地理信息系统平台桌面软件、Portal 的地图查看器、PythonAPI 等。其中，计算后的结果数据通过 Portal 发布为服务作为一个新的图层加载。

第五节 基于企业级 GIS 平台进行数据服务发布

本平台采用的企业级 GIS 平台是功能强大的基于服务器的 GIS 产品，用于构建集中管理的、支持多用户的、具备高级 GIS 功能的企业级 GIS 应用与服务，如：空间数据管理、二维三维地图可视化、数据编辑、空间分析等即拿即用的应用和类型丰富的服务。

企业级 GIS 平台是用户创建工作组、部门和企业级 GIS 应用的平台，通过地理信息软件，企业级平台创建集中管理、支持多用户、提供丰富功能并且满足工业标准的 GIS 应用。

企业级 GIS 平台提供广泛的基于 Web 的 GIS 服务，以支持在分布式环境下实现地理数据管理、制图、地理处理、空间分析、编辑和其他的 GIS 功能。

主要功能包括：

提供通用的框架在企业内部建立和分发 GIS 应用；

提供操作简单、易于配置的 Web 应用；

提供广泛的基于 Web 的空间数据获取功能；

提供通用的 GIS 数据管理框架；

支持在线的空间数据编辑和专业分析；

支持二维三维地图可视化；

除标准浏览器外，还支持地理信息软件平台等桌面客户端；

可以集成多种 GIS 服务；

支持 OGC 标准服务；

提供配置、发布和优化 GIS 服务器的管理工具；

提供多种应用端开发接口；

为移动客户提供应用开发框架。

第六节　基于 Web 服务实现地理信息资源的共享

Web 服务是一种革命性的分布式计算技术。Web 服务是一个应用程序，它向外部暴露了一个能够通过网络进行调用的 API。它使用基于 XML 的消息处理作为基本的数据通讯方式，消除使用不同组件模型、操作系统和编程语言的系统之间存在的差异，使异构系统能够作为计算网络的一部分协同运行。开发人员可以使用像过去创建分布式应用程序时使用组件的方式，创建由各种来源的 Web 服务组合在一起的应用程序。由于 Web 服务是建立在一些通用协议的基础上，如 HTTP（Hypertext Transfer Protocol，WWW 服务程序所用的协议）、

XML（Extensible Markup Language 可扩展标记语言）、WSDL（Webservices Description Language，Web 服务描述语言）等，这些协议在涉及到操作系统、对象模型和编程语言的选择时，没有任何倾向，因此 Web 服务将会有很强的生命力。通过 Web 服务，客户端和服务器能够自由的用 HTTP 进行通信，不论两个程序的平台和编程语言是什么，都可以跨越不同部门网络防火墙限制。

正是基于 Web 服务的这些技术特性，使用了 HTTP 和其他 Web 协议，平台采用基于开放标准与技术的 Web 服务方式共享数据，达到跨平台异构多源数据的访问和互操作，并支持在多种应用环境中对地理信息服务进行集成。

第七节　基于 SOA 进行平台架构设计

SOA 是基于开放的 Internet 标准和协议，支持对应用程序或应用程序组件进行描述、发布、发现和使用的一种应用架构。SOA 支持将可重用的数据和应用作为服务或功能进行集成，并可以在需要时通过网络访问这些服务或功能。这个网络可以完全包含在平台内部局域网，或是基于环保政务专网；通过 SOA，开发者可以对不同的服务或功能进行组合以完成一系列的业务逻辑与展现，最终可让用户像使用本地业务组件一样方便地调用服务或功能等各种资源。平台根据需要将这些服务组装为按需应用程序—即相互连接的服务提供者和使用者集合，彼此结合以完成特定任务，使应用业务能够适应不断变化的情况和需求。

这些服务是自包含，并具有定义良好的接口，允许这些服务的使用者了解如何与其进行交互。从技术角度而言，SOA 带来了“松散耦合”的应用程序组件，在此类组件中，代码不一定绑定到某个特定的数据库（甚至不一定绑定到特定的基础设施）。正是得益于这个松散耦合特性，才使得能够将服务组合为各种应用程序。这样还大幅度提高了代码重用率，可以在增加功能的同时减少工作量。WEB 服务是目前实现 SOA 框架的首选。

Web 服务是就现在而言最适合实现 SOA 的一些技术的集合，事实上 SOA 架构模式从提出到逐渐为业界所接受，主要在于 Web 服务标准的成熟和应用的普及，这为广泛的实现 SOA 架构提供了基础。Web 服务中的各种协议将满足 SOA 架构所需。该平台将基于 SOA 的架构进行设计。

第八节　基于 TOKEN 及通道加密机制实现服务安全认证

运维平台采用基于角色的服务权限控制机制对服务进行授权，采用基于令牌 Token 的安全机制验证和识别用户角色，令牌的安全机制可以对标准 http 请求和 Soap 请求进行拦截验证。平台通过建立角色与服务的映射关系实现对服务授权，通过对用户角色的划分可以控制用户的访问权限。用户请求各种类型的服务需要使用用户名和密码动态生成令牌 Token，然后使用服务地址+令牌就可以访问 GIS 服务，GIS-Service Handler（GIS 服务处理器，部署于 Web 服务器上）解析令牌并验证用户身份，最后利用 Server Object Manager 进行授权。基于令牌 Token 的安全机制处理流程如下图所示：

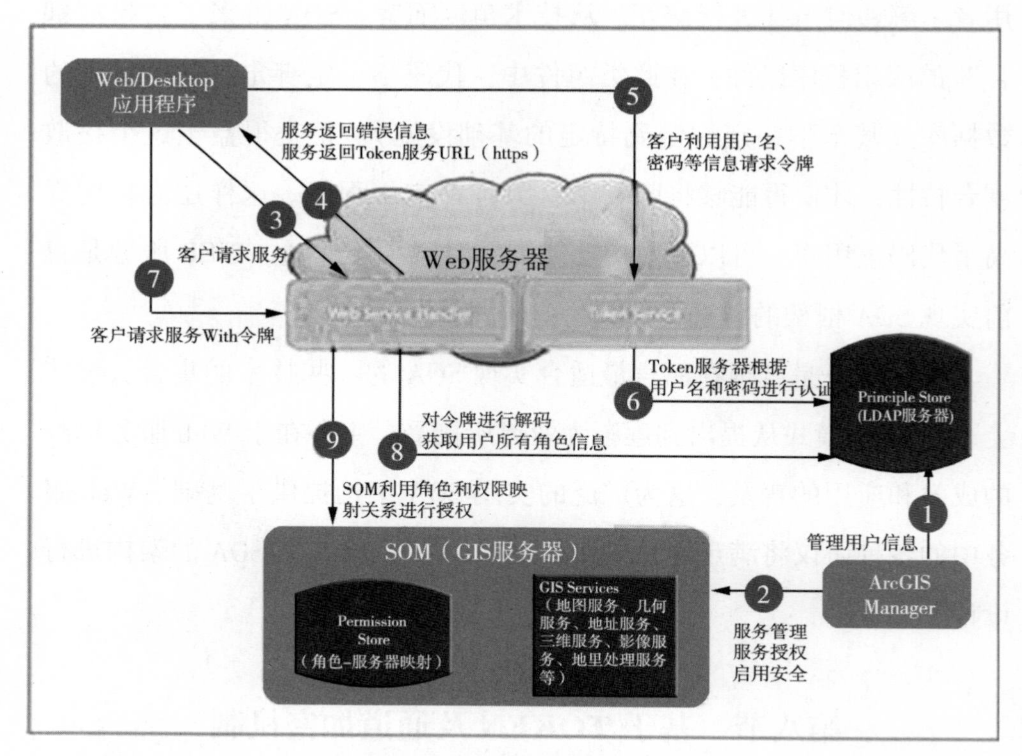

图 7.4　安全机制处理流程图

HTTPS（全称：Hyper Text Transfer Protocolover Secure SocketLayer），是以安全为目标的 HTTP 通道，简单讲是 HTTP 的安全版，即 HTTP 下加入 SSL 层。HTTPS 的安全基础是 SSL，因此加密的详细内容就需要 SSL。它是一个 URIscheme（抽象标识符体系），句法类同 HTTP：体系，用于安全的 HTTP 数据传输。URL 表明它使用了 HTTP，但 HTTPS 存在不同于 HTTP 的默认端口及一个加密/身份验证层（在 HTTP 与 TCP 之间），提供了身份验证与加密通讯方法。现在它被广泛用于万维网上安全敏感的通讯。

采用 HTTPS 信道加密机制解决了网络数据传输的诸多问题，包括信任主机问题、通讯过程中数据的泄密和被篡改问题等等。

第九节　基于动态工作空间的地图数据服务

海量数据的发布与共享一直是 GIS 应用系统建设中的难题，尤其是当数据还在不断增加的时候，通过地理信息软件企业级平台的动态空间图层服务，可以很好地解决这类问题。动态图层服务，确切的说，是地理信息软件企业级平台地图服务的动态图层技术，它是地图服务的一个新特性。

动态图层支持查询和动态渲染，同时支持 Feature 资源。工作空间可以是 Shapefile 文件夹、栅格文件夹，也可以是 File Geodatabase 或者空间数据库引擎。动态工作空间提供了高效的展示和检索能力。

动态空间图层服务的特性：

动态图层服务并不是一种全新的服务，是地理信息软件企业级平台地图服务的一个新特性；

动态图层服务主要用于海量图层发布与共享，特别适用于图层数量巨大并且数量还在不断增加的情况；

动态图层服务通过工作空间来管理相关的图层数据，工作空间可以是 Shapefile 文件夹、栅格文件夹，也可以是 File Geodatabase 或者空间数据库引擎；

动态图层服务支持的图层包括矢量图层和栅格图层；

动态图层服务在发布的时候，可以仅发布一个图层，其他图层可以动态地从工作空间中加载；

动态图层服务还支持对图层进行动态渲染，用户可以根据自己的喜好创建不同的专题地图。

动态空间图层服务具有以下优势：

发布一个动态地图服务很简单，对该服务注册一个文件夹类型的动态工作空间，需要设置一个工作空间的ID。放入动态工作空间的图片需要有配准信息和空间坐标信息。

客户端上图方法更简单。使用时，只需要知道工作空间的ID，即就可以轻松叠加到地图上。

图片的坐标系没有限制，服务器会动态转换。工作中测试了不同坐标系的叠加，是没有问题的。

服务器返回的图片大小和用户上传的原图没有关系，该图片是服务器动态生成的。

最新入库的数据，立刻就能在客户端看到。整个过程没有发布新的服务，也没有重新启动服务，更没有修改程序代码，甚至不需要刷新网页。

利用动态空间技术可以对环评生态环境空间管控信息系统在组成布局、环境功能区划等图件类数据上图配准存储提供高效的技术实现的支撑。

第十节　基于Geoprocessing框架的空间分析

地理处理（Geoprocessing）是对地理信息的处理，通过对已有数据进行操作，提供一种创建新信息的方法，它是地理信息系统（GIS）的基本功能之一。建设“三线一单”数据集成应用的辅助决策分析，就需要根据实际需求将大量地理处理（Geoprocessing）工具串联起来整合制作。地理处理的根本目的是提供一系列工具和一个标准框架来执行分析以及管理地理数据，范围从简单的 GIS 缓冲区分析及叠加分析到复杂的回归分析及图像分类。而且这些工具除了可以通过自动化的流程来完成，还可以提供批处理的方式。

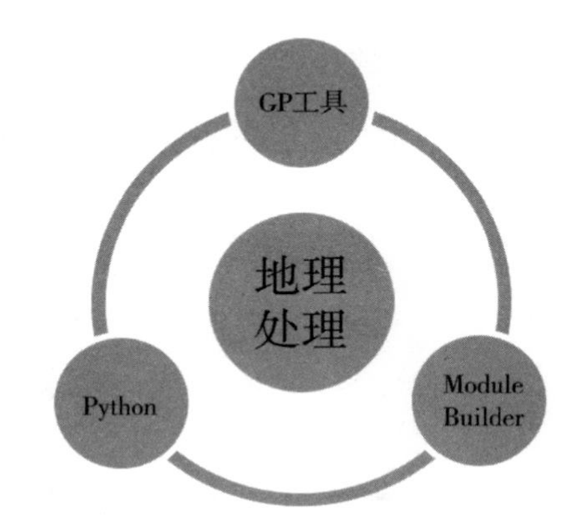

图 7.5　地理信息的处理

此外，还可以使用各种流程，将工具变成顺序模型，来分析复杂的空间关系，如评估各类环境功能区划、判断建设项目环评指标是否符合约束条件等。这些地理处理模型实现了自动化处理工作和解决复杂问题，也可以将模型封装成一个易于共享的处理方案，以便与他人来分享，甚至是发布成 web 服务来进行共享。

第十一节　基于镶嵌数据集的遥感影像管理技术

随着环评项目的增加，接入的遥感影像数据日益增多。遥感影像数据一般都比较大，因此需要使用镶嵌数据集技术对建设项目环评所需的遥感影像进行高效的整合管理，为建设项目环评生态环境空间管控提供辅助决策。

镶嵌数据集是影像数据模型，该模型是管理和显示大规模遥感影像的理想模型。镶嵌数据集对影像的管理模式如下图所示，其采用了文件系统+数据库系统存储管理模式。当利用镶嵌数据集来管理遥感影像数据时，仅在空间数据库中建立影像索引，不会拷贝或改变原有的影像数据，因此原有影像文件仍然存储在文件系统中或是空间数据库中。镶嵌数据集充分发挥了存储系统和数据库系统的优势，具备管理大规模遥感影像的能力，提供了海量影像最佳组织和管理方式。

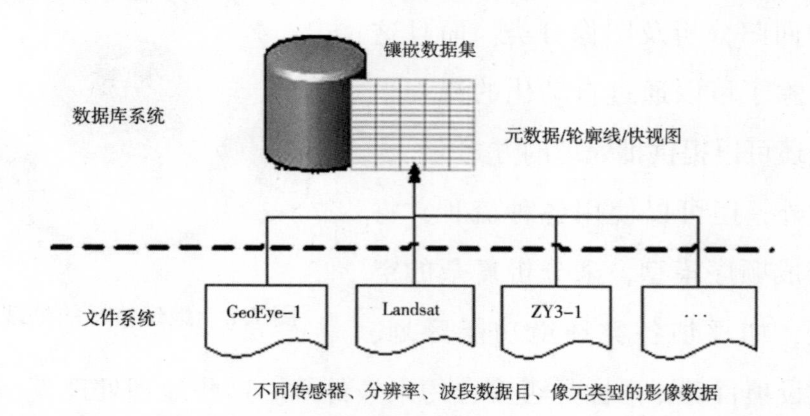

图 7.6　镶嵌数据集管理

系统使用先进的动态镶嵌和实时处理技术，既能以分幅或编目形式管理影像，又能像镶嵌影像一样整体显示和进行分析，同时简化了影像管理流程，解决了数据冗余问题，提升了生态环境空间管控信息的展示分析效率。

第八章
“三线一单”大数据安全

第一节 安全体系设计

平台的建设不仅是生态环境部评估中心的内部应用系统，还需要考虑到全国省市各级环境评估中心以及全国环评单位的应用需求，保证在环保专网网络环境下提供业务服务的能力。为了继续加强系统在网络数据交换和服务输出方面的安全管理和技术支持，我们需要从多个方面考虑系统的安全策略。

第二节 安全建设目标和原则

1. 安全建设目标

基于上述共享信息平台将面临的风险和需求，平台安全总体目标是：

结合当前信息安全技术的发展水平，设计一套科学合理的深层防御安全保障体系，形成有效的安全防护能力、隐患发现能力、应急反应能力和系统恢复能力，从物理、网络、系统、应用和管理等方面保证系统安全、高效、可靠运行，保证信息的安全性、完整性、可用性和操作的不可否认性，避免各种潜在的威胁。

具体的安全目标是：

（1）确保合法用户使用合法网络资源；

（2）确保平台运行环境的安全；

（3）能及时发现和阻断各种攻击行为，特别是防止 DoS/DDoS 等恶意攻击，确保系统不受到攻击；

（4）能实时监控和跟踪网络连接状态；

（5）确保系统主机资源安全，及时发现安全漏洞，以有效避免黑客攻击的发生，做到防患于未然；

（6）确保系统不被病毒感染、传播和发作，阻止不怀好意的 Java、ActiveX 小程序等攻击内部网络系统；

（7）具有灵活、方便、有效的注册机制、身份认证机制和授权管理机制，保证操作的可控性和不可否认性。

（8）具有与各项业务相适应的安全保护机制，确保数据在存储、传输过程中的完整性和敏感数据的安全性；

（9）具有有效的应急处理和灾难恢复机制，确保突发事件后能迅速恢复系统的服务；

（10）具有完善的安全管理保障体系，确保系统的运营安全；

（11）制定相关安全要求和规范，指导系统建设；

（12）设计并实现支持规范实施的安全共性模块（如接口软件），推进系统安全的互联互通。

2. 安全建设原则

根据安全需求和目标，平台安全建设将遵循以下原则：

分域防护、综合防范的原则：任何安全措施都不是绝对安全的，都可能被攻破。为预防能攻破一层或一类保护的攻击行为破坏整个平台，需要合理划分安全域和综合采用多种适当有效措施，进行多层和多重保护。

需求、风险、代价平衡的原则：对任一网络，绝对安全难以达到，也不一定是必要的，正确处理需求、风险与代价的关系，适度防护，做到安全性与可用性相容，做到技术上可实现、经济上可执行。

整体性和统一性原则：系统的各个环节，包括设备、软件、数据、人员等，在网络安全中的地位和影响作用，只有从系统整体的角度去统一看待、分析，才可能实现有效、可行的安全保护。

技术与管理相结合原则：平台建设涉及人、技术、操作等要素，单靠技术或单靠管理都不可能实现。因此在考虑系统安全时，必须将各种安全技术与运行管理机制、人员思想教育、技术培训、安全规章制度建设相结合。

统筹规划、分步实施原则：由于环境、条件、时间的限制，攻防手段的变化，安全防护不可能一步到位，可在一个比较全面的安全规划下，根据网络的实际需要，先建立基本的安全体系，保证基本的、必须的安全性。随着今后网络应用和复杂程度的变化，调整或增强安全防护力度，保证整个网络最根本的安全需求。

动态发展原则：随着网络攻防技术的发展，网络安全性会不断变化，一劳永逸地解决网络安全问题是不现实的。需要根据网络安全的变化不断调整安全策略，适应新的网络环境，满足新的网络安全需求。

第三节　安全体系框架和安全策略

一、安全体系框架

根据上述的系统安全需求、安全目标和设计原则，在统一的分级防护安全策略指导下，我们将整个平台的安全体系设计为安全基础设施、应用系统安全和安全管理保障体系三部分：将涉及物理安全、网络安全和系统安全等一些共性的安全措施与服务归结到安全基础设施；与应用系统安全相关的部分归结到应用系统安全；与安全管理相关的归结到安全管理保障体系。根据“分域保护、分级保护”策略，制定相应安全措施，从而形成平台整体的安全保障体系。保障体系框架见下图：

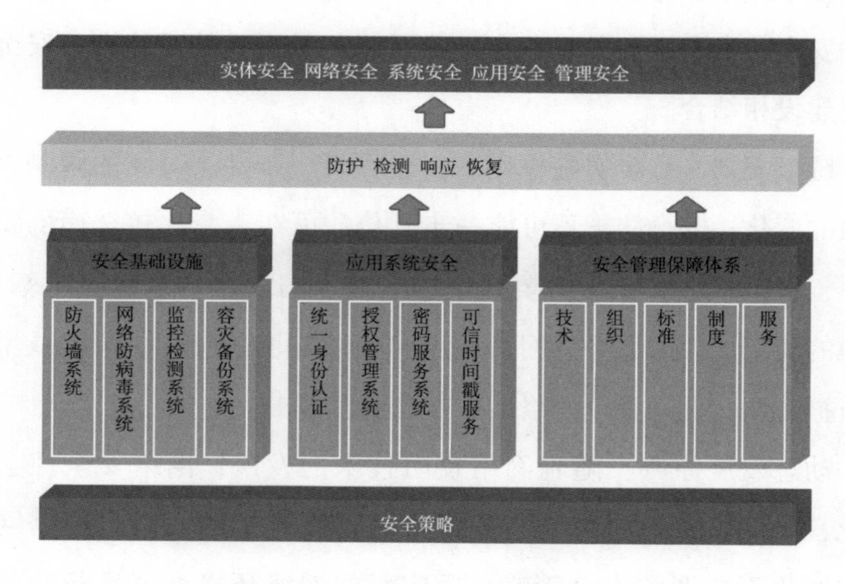

图 8.1　平台的安全体系框架

1. 安全基础设施

安全基础设施包括防火墙系统、网络防病毒系统、监控检测系统和容灾备份系统。

防火墙系统：根据各安全域具体的安全防护策略，实现各安全域的边界保护。

监控检测系统：发现和修补安全漏洞，对各种入侵和破坏行为进行检测和预警，包括脆弱性扫描、入侵检测、WEB 网页防篡改等机制。

防病毒系统：防范病毒入侵和传播。

容灾备份系统：对平台进行容灾和备份。

2. 应用系统安全

应用系统安全是指应用系统权限来进行控制与管理。其中授权管理系统是指提供授权管理服务，实现对信息资源和服务的有效管理和控制。

（1）身份鉴别

◆系统建设均构建专用的登录控制和权限控制模块，实现身份标示（用户名）唯一，能够限制口令的复杂度（长度、字母、特殊字符等），能够对非法登陆（如暴力破解），进行锁定账号或封禁 IP 等限制措施，对非法登录次数进行限制。

◆系统应能够支持密码口令、usbkey 或短信验证码登陆；

（2）访问控制

◆系统管理模块提供管理员进行基于功能模块的用户权限自定义设置，功能模块粒度尽量细化，考虑功能级别和数据级别的授权控制，管理员可通过自主定义的方式为用户开通账号和禁用非法用户的权利。

◆系统中的重要数据，存放时需进行数据分类，管理员可按照不同角色划分用户对重要数据的访问权限，并以此进行访问控制；允许禁用默认账号；

（3）安全审计

◆系统建设中内置单独管理审计账号，用于审计应用系统的各项操作和调用；

◆系统应具有单独审计记录页面，提供查询、统计功能；

◆剩余信息保护和通信完整性；

◆密码在数据库中必须使用哈希算法 hmac 存储，不允许存储明文密码；

◆应用系统的登陆、内部传输过程中需使用加密协议，采用 SSL 实现信道安全。

（4）软件容错

◆系统验收时，通过第三方的安全性测试，不能存在高风险漏洞；

◆系统输入框应对有效性进行检验和限制。

（5）资源控制

◆系统正式部署运行时，应从中间件或 web 服务器上，设置最大并发数的限制策略。

◆系统需具有重要数据防泄漏的相关措施。

3. 安全标准规范体系

安全标准规范体系是指导整个平台建设的安全标准规范体系，包括技术、组织、标准、制度和服务等内容。

安全管理组织：形成一个统一领导、分工负责、能够有效管理整个平台安全工作的组织体系。

安全管理制度：包括实体管理、网络安全管理、软件管理、信息管理、敏感信息介质管理、人员管理、产品管理、密码管理、维修管理及奖惩等制度。

安全服务体系：系统运行后的安全培训、安全咨询、安全评估、安全加固、紧急响应等安全服务

安全管理手段：利用先进成熟的安全管理技术，逐步建立整个平台的安全管理系统。

因此，通过建设安全基础设施、应用系统安全措施和安全管理保障体系，提供鉴别、访问控制、完整性、可用性、可控性等安全服务，形成集防护、检测、响应、恢复于一体的安全防护体系，实现实体安全、应用安全、系统安全、网络安全、管理安全，以满足平台目前最根本的安全需求。

二、安全策略

平台的安全策略是：

根据信息系统各自的业务特点和安全要求，按“分域防护、分级保护”的原则，划分不同的安全域和业务保护安全等级，制定与之适应的安全防护措施和安全机制。通过集成相关的安全产品和安全服务，构造多层防御的安全保障体系，确保系统安全、高效、可靠运行。

具体的安全策略是：

安全保障体系的设计、建设要遵守国家、政府部门相关的安全法律、法规、制度、标准和技术指南。

实施“分域保护”，按“谁主管，谁负责；谁运营，谁负责”原

则，合理划分安全域，确定安全域物理或逻辑边界，各自负责主管安全域的建设和管理。

实施“分级保护”，网络层面的安全防护依据网上审批服务中所需的网络防护最高等级实施，业务安全保护依据具体服务所需的业务保护等级实施。

通过防火墙进行边界保护和访问控制，并在重要部位部署入侵检测系统和网站监测系统，有效抵御各种黑客攻击行为。

对操作系统、数据库系统进行严格的安全配置，安装安全补丁。各业务系统软件要进行严格考核测试才能正式上线运行。定期使用漏洞扫描系统对系统进行安全漏洞扫描，提出安全改进报告。

安装网络防病毒软件，并定期升级病毒库，防止病毒入侵。

构建统一认证网关，支持多种注册手段，提供统一的身份认证。

建立与安全保护等级相适应的业务应用系统，保证数据存储、交换的完整性、可用性。

建立完备的容灾备份和应急响应机制，关键网络设备、系统信息和数据均要有备份手段和恢复机制。

建立完备的安全审计机制，从网络、系统、应用三个层面对每一项事务均有详细的日志记录，保证事务完全可以被追踪。

建立有效的安全服务体系，以适应系统安全的动态性、复杂性和长期性特点。

在用户安全方面，平台按照不同的组织结构，实现对用户的新建、删除、修改、IP 绑定设置、服务管理权限、服务访问设置、机构授权、同步 CA 授权和模块授权。

按照信息安全等级保护 3 级相关要求进行软件开发，并配合中心聘请的第三方安全咨询公司提供的检测报告对软件进行安全漏洞方面的修改与升级工作。

第四节 应用系统安全设计

信息系统设计归结起来要解决资源、用户、权限三类问题，在这三大要素中，用户是安全的主体，应用系统的安全也就是围绕用户展开的。因此用户身份的验证便成了应用系统必须解决的第一个问题；解决身份问题之后，第二个要解决的问题便是授权，就是确保每个用户都能授以合适的权限；第三为解决资源的安全性与安全审计问题，需要解决密码服务与可信时间戳问题。

权限管理是将访问被保护实体的权限赋予给被授权实体的操作过程和系统功能。

权限管理涉及三组系统对象，即用户、角色、子系统。角色是系统创建的虚拟用户或逻辑用户的对象。在权限管理中，用户和角色是被授权的实体，而系统资源是被保护的实体。

用户包括了个人用户、单位用户、组织机构、用户组等不同的基本单元，这些用户单元与实际生活中的实际情况相吻合。

授权管理系统基于角色的访问控制策略，能够对用户和角色进行灵活授权。授权管理系统通过角色组的方式，使同组用户具有相同的权限，简化了访问控制权限的管理。同时，在定义角色时，可以采用职称、职务、部门等多种形式，灵活反映各种业务模式的管理需求。

授权管理系统建立权限数据库，统一存放各个用户的角色和权限信息、资源信息。同时，每种资源定义可执行的权限，并且给角色分配相应的资源及权限，建立访问控制列表 ACL。权限数据库可以基于数据库技术来实现，也可以基于目录服务实现。

授权管理系统采用权限继承与过滤和分级授权方式。分级授权是将系统管理员分为超级系统管理员和业务域管理员两组。超级系统管理员的职能是管理（包括添加、删除、配置、修改等）业务域管理员，同时具有业务域管理员的管理能力。业务域管理员的职能是对审批平台中各个业务功能域进行分域管理，同时根据业务需求进行业务角色定制，并给角色分配相应的资源及权限，并对用户的权限进行管理（包括添加、撤销、配置、修改等）。

授权管理系统为系统管理员提供基于 Web 方式的权限管理界面，使得系统管理员能够方便的对用户进行相应的授权以及权限的管理工作。

权限类型分成基本权限和扩展权限。

权限认证主要是通过用户身份在权限数据库中查找该用户对应的权限信息，用户身份由统一认证网关进行认证。用户只有通过了权限认证才能访问期望的资源，否则拒绝用户访问。

·第三篇·

应用篇

第九章
推进“三线一单”落地

第一节 “三线一单”划定思路

“三线一单”是环境保护部门深入推进环评制度改革，强化环境保护源头预防的重要手段。2017 年 6 月，原环境保护部印发《关于印发〈“三线一单”试点工作方案〉的通知》（环办环评函［2017］894 号），正式启动“三线一单”试点工作。本文围绕“三线一单”划定的主要目的，以《“三线一单”编制技术指南（试行）》编制研究工作为基础，结合“三线一单”试点探索经验，探讨“三线一单”划定的总体思路与基本考虑，提出各地划定“三线一单”的主要任务与预期成果，为各地开展“三线一单”工作提供指导。

一、“三线一单”需要解决的主要问题

“三线一单”是一项重要的改革措施，是对现有环境管理制度的重要补充和完善，需要重点解决好以下几个主要问题。“三线一单”需摸清生态环境基础家底，解决环保底数不清的问题。随着我国环

保工作的不断深入，污染源普查、环境统计以及各类环境质量数据的丰富程度不断提升，环境功能分区、各类保护区等生态环境空间数据不断完善，但总体上，我国生态环境数据的空间地理信息相对缺失，空间数据比例尺小、时效性差、准确度低，基本不具备1：10000的环境空间数据，环境保护的“家底儿”不实。摸清生态环境基础家底，解决生态环境保护底数不清的问题，是“三线一单”需要解决的首要问题。“三线一单”需建立生态环境分区管控体系，推动战略环评、规划环评落地。近年来，生态环境部门在推进优化空间布局、控制环境污染和生态破坏，有效配置资源，提高参与综合决策等方面，进行积极探索和实践，开展了战略环评、规划环评、城市环境保护总体规划、新区环境评估等工作。开展“三线一单”工作，系统提出生态环境保护空间性、底线性要求，建立生态环境分区管控体系，以控制单元、土地斑块等空间载体为管理单元，将生态环境保护的底线性要求立在前面，可为加强环境保护源头防控，推动战略环评、规划环评落地，参与空间规划“多规合一”提供支撑。“三线一单”需整合衔接各项环保工作，提高环境保护管理的系统化、精细化水平。大气、水、土壤三大污染防治行动计划出台，生态保护红线、排污许可证、生态补偿、环境质量管理等一系列环保制度、政策与行动正在深入开展，迫切需要构建统一的空间平台，形成政策和行动的合力。通过开展“三线一单”工作，形成统一的生态环境保护约束性方案，可为整合污染源普查、土壤详查、排污许可、生态补偿、环境质量评价等提供统一的基础空间平台，为生态环境系统化、精细化、差异化管理奠定基础。

二、“三线一单”的内涵与特征

1. “三线一单”的基本内涵

“三线一单”是在省域及城市尺度，以环境质量为核心、以空间管控为目标，在逐步统一区域生态环境空间基础底图的基础上，从生态环境系统自身的规律和承载力、功能出发，强化质量目标、污染控制与资源利用之间的内在响应关系，确立生态保护红线、环境质量底线、资源利用上线等环境约束性条件，并建立环境管理负面清单的一项系统性、基础性工作。其中，生态保护红线强调以生态保护红线为核心的生态空间管控体系的建立，即在既有生态保护红线划定与管理的基础上，对其他需加强保护的区域进行管控，建立生态空间管控体系；环境质量底线强化基于环境质量底线目标的环境分区管理与污染控制；资源利用上线侧重基于环境质量维护的资源利用方式管理；环境准入负面清单基于“三线”划定成果，对各类空间提出开发建设的限制性要求，其以资源环境约束和改善环境质量目标引导、优化区域主导产业的结构、布局、规模和效率，是“三线”的应用出口。

2. “三线一单”划定的技术特征

结合“三线一单”目的与内涵，从技术层面考虑，各地“三线一单”划定应体现以下几个特点：一是基础性。“三线一单”应基于高精度、统一坐标系的环境空间基础数据，从环境质量功能、结构、承载能力等角度，开展环境保护基础性、摸底性评价工作。二是约束性。“三线一单”应强调环境质量维护的底线性要求，是城市开发建设、产业布局、土地利用等活动所不得突破的底线性要求。三是空间性。“三线一单”应以水环境控制单元、大气公里网格、土地利用斑块等空间为评价基础，强调成果产出的空间落地性，为环境保护精细化管理奠定基础。四是动态性。“三线一单”具有分阶段、动态性的特征。随着城市经济社会发展与环境保护的不断变化，环境质量底线目标不断调整，污染排放、资源利用、环保准入等要求均需动态优化调整。

三、“三线一单”的主要任务

结合“三线一单”需解决的主要问题与划定目的，考虑设置以下主要任务。

1. 建立坐标系统一的环境空间基础数据库平台

目前我国环境基础数据坐标系不一、空间精度差、相互衔接共享难度大，首先应统一各项基础数据的坐标系。各地在“三线一单”划定过程中，首先应以国家大地坐标系为基础，统一生态保护红线、水环境控制单元、大气环境源清单与模拟网格、土壤详查与污染源普查、环境功能区划、自然保护区和水源保护区等保护地、监测断面点位以及卫星遥感等基础数据坐标系，建立统一的环境基础数据库。

2. 通过生态保护红线加大对生态空间的引导和管控

《关于划定并严守生态保护红线的若干意见》提出“划定并严守生态保护红线，实现一条红线管控重要生态空间”的要求。但从各地实践来看，目前生态保护红线的面积比例相对较低，生态安全与生态功能维护将主要依赖生态空间的管控和维护。因此，考虑“三线一单”中的“生态保护红线”内容，更加强调生态环境分区管控体系的建立，除划定生态保护红线做好生态保护红线的清单式管理制度设计外，还应对生态功能较重要、生态环境较脆弱等特需区域实施保护，加强生态空间的评价与识别，建立一套生态环境分区管控机制。

3. 将环境质量底线目标转化为落地化管控手段

目前环境质量管理中，环境质量目标与污染总量控制之间的关联性不强，环境质量维护的落地性、针对性不足。环境质量底线亟需突破环境质量与污染排放之间的响应传导关系，将对环境质量底线的管理落实到空间分区，并转化为污染排放总量限值等管控约束手段。在水环境质量底线方面，应细化水环境控制单元，明确基于控制单元或河流的分区、分阶段的水环境质量底线目标；研究水环境质量与水环境主要污染物排放之间的关系，“以水定陆”地识别水环境维护重点、敏感、脆弱区域，明确以环境质量底线为约束的污染物允许排放量；以水环境分区管理、分控制单元（或河流、行政区）允许排放量控制等为手段，协同支撑水环境质量底线的实现。在大气环境质量底线方面，结合国家、区域、省域各类规划、区划、计划、行动方案等上位要求，考虑大气环境传输特征，明确分区、分阶段的大气环境质量底线；研究大气环境质量与大气环境主要污染物排放之间的关系，识别大气环境维护重点、敏感、脆弱区域，明确以环境质量底线为约束的污染物允许排放量；以大气环境分区管理、分行政区允许排放量控制等为手段，协同支撑环境质量底线的实现。在土壤环境质量底线方面，结合土地利用类型与功能，明确分区、分阶段的土壤环境质量底线；以土壤安全利用为目标，开展农用地、建设用地土壤环境质量评价，建立土壤污染防治分区体系，明确土壤环境质量底线维护的管控方式和管控手段。

4. 探索基于环境质量维护的资源利用上线要求

当前，发改、水利、自然资源等部门均在不同程度上提出资源开发利用的管控要求。“三线一单”中的“资源利用上线”，应在充分衔接各部门资源利用与管理相关政策、要求的基础上，优先解决环境质量维护目标下的资源利用突出矛盾与问题，强化环境质量与资源利用的关系研究，提出基于环境质量维护的资源开发利用总量、效率、方式等管控要求，引导资源的合理开发利用。在能源消耗上线方面，结合大气环境质量底线要求，探索打通环境质量、污染排放、能源消费总量之间的响应传导关系，明确区域能源，尤其是煤炭消耗总量的管控要求。在水资源利用上线方面，衔接水利部门相关要求，从水环境安全维护与水环境质量改善的角度，研究提出基于水环境质量与安全维护的水资源开发强度控制、生态流量保障等的水资源开发利用要求。在土地资源利用上线方面，以土地资源安全利用为目标，提出土壤污染重点防治区、重金属污染高风险区等区域土地开发利用方式的要求。

5. 构建基于“三线”约束的环境准入负面清单

重点以生态空间、生态保护红线、大气、水、土壤环境重点区域为对象，基于生态保护红线、环境质量底线、资源利用上线的管控要求，在空间布局约束、污染物排放管控、环境风险防控、资源开发效率等方面，建立分要素环境准入负面清单。环境准入负面清单应与控制单元、行政分区、重点区域相结合，建立区域主导产业发展与“三线”约束的响应关系，突出环境准入的约束和引导要求。环境准入负面清单是“三线”的应用出口，其管理应用导向突出。各地应在充分研判地方经济产业发展现状、特征与发展形势的基础上，结合区域生态环境保护要求与突出生态环境保护压力，充分衔接既有各项生态系统、自然资源和能源管理等政策、制度、要求，强化管理制度集成创新，合理制定操作性、应用性强。符合地方实际管理特征与需求的环境准入负面清单。

四、“三线一单”的预期主要成果

各地在“三线一单”划定过程中，预期以5个“一套”为主要成果：一套统一坐标系、空间位置准确、边界范围清晰的水、大气、土壤、生态环境空间基础数据库；一套符合自然环境规律、协调行政管理边界的生态、水、大气、土壤分区管控体系；一套落实到行政单元、各类管控分区的环境质量底线目标、允许排放量控制、资源开发效率等管理底线；一套以各类环境管控分区为重点，基于“三线”要求的空间布局约束、污染物排放管控、环境风险防控、资源开发效率等环境准入负面清单；一套经系统化评价、整合和集成到环境基础数据库而形成的“三线一单”环境管理信息应用平台。同时，各地要加强“三线一单”成果转化与应用管理机制建设，加快制定有利于提升和保障生态环境功能的配套政策与措施，为“三线一单”成果应用提供政策依据。建议各地将“三线一单”成果作为各类生态环境规划编制、规划环评落地、项目环评审批等工作的基础与重要依据，配套出台生态环境分区管控、污染源管理、环境准入负面清单成果应用等管理政策，确保成果的转化应用。

五、结语

“三线一单”是生态环境部门积极落实生态文明体制改革要求，深化环评制度改革的一项重点工作。“三线一单”难在“划”、重在“管”，具有较强的应用管理性特征。换而言之，“三线一单”并非强调划定技术的复杂性，而是强化环境质量底线目标、污染排放限值、生态环境分区管控体系等成果的应用性，从而更好地服务于环境质量底线目标的实现。因此，各地在“三线一单”划定过程中，需考虑地方环境保护现状特点与技术支撑能力，尤其要注重与既有生态保护红线划定、三大行动计划等工作的衔接，协调好集成与创新之间的关系，因地制宜地开展“三线一单”划定与管理工作。

第二节　推进“三线一单”取得成果

过去的一年中，生态环境部全力推进“三线一单”工作，31 个省（区、市）“三线一单”成果全部通过技术审核，生态环境分区管控初见雏形，顶层设计不断完善，管控体系初步建立，环境空间管控格局初步形成。

“三线一单”是战略层面的宏观环境管控，实施“三线一单”生态环境分区管控是贯彻落实习近平生态文明思想的积极实践，是打赢打好污染防治攻坚战的重要任务，是推动经济高质量发展的有力抓手，是提升生态环境治理体系和治理能力现代化水平的重要举措。

生态环境部组织 31 省（区、市）及新疆生产建设兵团分两个梯队推进“三线一单”工作。截至目前，第一梯队长江经济带 11 省（市）及青海省已全部完成了“三线一单”发布工作，全面进入落地实施应用阶段；第二梯队北京等 19 个省（区、市）及新疆生产建设兵团“三线一单”成果已全部通过技术审核，16 个省（区、市）政府已正式发布。

一、“三线一单”实践取得阶段性成果

顶层设计不断完善。按照试点先行、示范带动、梯次推进、全域

覆盖的工作思路，生态环境部在实践中逐步确立了“国家指导、省级编制、地市落地”的模式。通过建立国家对口指导、定期调度、重点帮扶和技术审核机制，陆续出台了《“三线一单”编制技术指南（试行）》等规范性技术文件以及《区域空间生态环境评价工作实施方案》等管理性文件，建立了较为科学的技术规范体系与管理框架体系。

管控体系初步建立。各省（区、市）均成立由省级领导挂帅、生态环境部门牵头、发展改革等多部门参与的协调小组，组建省级技术团队，全力推进“三线一单”编制实施工作；指导地市层面建立相互协调机制，重点配合省级团队开展“三线一单”落地研究。

环境空间管控格局初步形成。各省（市）结合当地特点及当地规划管控情况，建立了不同特点的分区管控体系，力求用“线”管住空间布局，用“单”规范发展行为。第一梯队长江经济带 11 省（市）及青海省“三线一单”成果紧紧抓住“共抓大保护”的战略要求，将陆地国土面积约 48%划定为优先保护单元，划定陆地重点管控单元 6855 个、一般管控单元 3210 个，分别占陆地国土面积的 15%和 37%，明确了 2025 年、2035 年的大气、水、土壤等环境质量底线目标，测算出了主要污染物允许排放量、削减量、削减比例，提出了差异化分区管控要求。

在充分借鉴长江经济带省份“三线一单”工作经验和相关成果的基础上，生态环境部明确提出黄河流域重大生态环境问题以及流域生态环境管控的总体目标和管控方向，逐省梳理黄河 9 省（区）重点区域的功能定位、主要问题和管控建议，全力推动编制成果在省级层面的协调统一。

目前，31 省（区、市）通过开展区域空间生态环境评价，各地将国土空间划分为优先保护、重点管控、一般管控三类环境管控单元，并根据单元特征提出针对性的管控要求，“三线一单”成果全部通过生态环境部组织的技术审核。

二、地市落地深化细化加快推进

“三线一单”实现了生态环境管控要求的“整装成套”，框定了生态环境管控格局，为生态环境保护关口前移提供了政策工具。目前，四川、湖南、江西等12个省份已将“三线一单”纳入地方法规中，确立了“三线一单”的法律地位，为成果实施提供了坚强保障。初步统计，浙江、重庆、云南、广西、贵州等11个省份已将“三线一单”写入了省级国民经济和社会发展第十四个五年规划和2035年远景目标的建议中。

多个省份在发布省级“三线一单”文件之后，压茬推进地市层面成果落地工作。湖南省发布了《湖南省“三线一单”生态环境总体管控要求暨省级以上产业园区生态环境准入清单》，成为全国范围内首个发布园区生态环境准入清单的省份；四川省建立了对口指导工作机制，帮助市州聚焦重点区域、重点流域、重点行业和重点问题，突出特色和亮点。据了解，目前重庆市、湖南省、贵州省均已完成地市（区）的发布工作；浙江省11个地市已有10个地市辖区内的所有县（市）均已完成“三线一单”成果发布。

三、“三线一单”成果服务经济社会高质量发展

“三线一单”成果不仅能提高基层生态环境部门的审批效能和环境监管能力，也为企业落项目、去产能、搬迁入园等提供了系统政策指引，是提升基层生态环境治理效能的重要举措。

江苏、浙江、湖南等地积极探索发挥“三线一单”成果在产业布局优化、规范园区管理等决策中的战略引导作用。

支撑相关规划编制。重庆等地将“三线一单”生态环境分区管控体系建设与国土空间规划双评价工作充分衔接，实现生态空间管控深度融合。四川、安徽等地积极探索将“三线一单”成果用于优化重点区域开发规划编制、规范指引重点项目落地。目前已有 11 个省（市）在制订、修订环境保护条例或环境影响评价实施办法等地方法律法规时，明确“三线一单”编制主体、应用要求等内容，为“三线一单”编制实施提供了制度保障。上海、安徽、湖南、江西、重庆等 9 省（市）在“十四五”生态环境保护规划中使用了“三线一单”成果；上海、江苏、湖南等 5 省（市）在产业发展规划中衔接了“三线一单”成果；多省在水利、交通、林业等专项规划编制中充分与“三线一单”成果衔接，将“三线一单”作为区域资源开发、产业布局、结构调整、城乡建设、重大项目选址的重要依据。

与国土空间规划互为依据，相向而行。重庆市“三线一单”参与国土空间规划编制过程，将“三线一单”环境管控单元及管控要求等成果融入到规划编制中，共同为优化国土空间开发格局提供支撑和指引。在生态空间方面，重庆市国土空间规划的编制吸纳了“三线一单”在生态空间上的划定成果，实现了生态空间划定范围和面积基本一致；在开展生态保护红线调整中，为实现“占补平衡”，国土空间规划采用将“三线一单”中一般生态空间的划定成果补充到调整的生态保护红线中，提高了编制效率。

积极服务产业优化升级和小微企业发展。浙江省在落实“三线一单”管控要求的基础上，积极推动湖州长兴纺织业转型升级，积极服务小微企业整合发展。政府统一制定企业准入标准，推进一体化“绿岛式”治污，为产业转型升级做好服务。

“三线一单”成果广泛应用于建设项目环评审批和规划环评审查工作中，在优化规划布局和项目选址选线、预判环境影响方面发挥重要作用。各地利用“三线一单”成果，对不符合生态环境管控要求的重污染高能耗项目予以劝退，尽早介入，减少政府和企业前期决策风险，切实提高了依法行政和服务的效率，也为一批优质项目腾出了发展空间。

提升管理智能化水平。各省（区、市）普遍将“三线一单”成果数据应用纳入到政府大数据应用平台建设中统筹考虑，积极探索“三线一单”成果智能化应用模式。上海市、重庆市等地将“三线一单”数据应用平台数据模块接入生态环境局政务内网的环评审批系统，作为指导规划环评审查和项目环评审批的基础工具。浙江省将“三线一单”数据应用平台通过地图直观展示数据成果，实现项目环境准入的智能研判。

促进环境管理数据融合贯通。多省将“三线一单”与现有生态环境管理工作相互衔接，将“三线一单”数据应用平台纳入环境大数据应用平台中，实现“三线一单”管控要求与环境保护日常管理工作结合。江苏省“三线一单”数据应用平台实现了相关环境管理数据的融合，将“三线一单”成果、环境质量自动监测、“一企一档”、环评审批、排污许可等实时数据集成，为实施环境空间管控、推进战略和规划环评落地、强化源头防预和过程监管提供重要手段。

第十章

内蒙古自治区“三线一单”数据应用平台设计方案

第一节 “三线一单”项目概况

一、建设背景

按照中共中央、国务院发布的《关于全面加强生态环境保护，坚决打好污染防治攻坚战的意见》（中发〔2018〕17号）和《生态环境部办公厅关于印发〈区域空间生态环境评价工作实施方案〉的通知》（环办环评〔2018〕23号）部署，内蒙古自治区作为全国第二批开展区域空间生态环境评价暨“三线一单”编制工作的19个省份之一，要求2020年底前完成“三线一单”成果发布。2018年9月内蒙古生态环境厅启动了“三线一单”编制工作，经广泛收集资料、认真研究撰写、组织专家论证、专题会议研究、积极征求意见，形成了包括研究报告、准入清单、图集、数据、文本为主要内容的“三线一单”成果，于2020年10月30日通过了生态环境部审核。按照审核意见进一步修改完善并征得生态环境部同意后，内蒙古生态环境厅根据生态环境部关于“三线一单”成果发布实施的有关要求，起草制定了《关于实施“三线一单”生态环境分区管控的意见（送审稿）》，经自治区政府2020年第31次常务会议审议通过。

开展区域环评工作，编制实施“三线一单”是落实习近平生态文明思想和全国生态环境保护大会精神的具体举措，也是污染防治攻坚战的一项重点任务，对于推动内蒙古自治区加快形成节约资源和保护环境的空间格局，构建覆盖全自治区的生态环境分区管控体系，推进内蒙古自治区生态文明建设和环境质量改善具有重要意义。内蒙古自治区在编制过程中不断摸索，逐渐形成了一套符合实际的工作模式。

坚持应用导向，强化成果对接。“三线一单”服务于未来经济的高质量发展，是划框子和定规则的过程，编制只是基础，应用才是关键。内蒙古自治区牢牢把握地方政府作为“三线一单”成果应用主体的定位，坚持把成果对接工作放到至关重要的位置，力求成果符合地方实际。

2020年4月29日，为贯彻落实党中央和国务院决策部署，推进“三线一单”相关工作，自治区生态环境厅召开专题会议，明确提出建设“三线一单”数据应用平台的工作安排。按照生态环境部关于“三线一单”成果发布实施要求，内蒙古自治区生态环境厅组织编制了“生态保护红线、环境质量底线、资源利用上线和生态环境准入清单”（以下简称“三线一单”）。2020年10月30日，生态环境部在北京组织召开了内蒙古自治区“三线一单”成果审核会议，内蒙古自治区“三线一单”成果顺利通过生态环境部审核。2020年12月23日，内蒙古自治区政府常务会议审议通过《关于实施“三线一单”生态环境分区管控的意见》，并于2020年12月29日正式印发，标志着内蒙古自治区“三线一单”编制工作圆满完成，生态环境分区管控体系构建基本形成。

二、建设目标

充分运用大数据、GIS等技术手段，结合内蒙古自治区生态环境管理业务需求，建立“三线一单”数据应用平台，做到成果落图固化，实现数据集中管理、查询、应用、展示、交换和信息共享共用，为项目环评审批提供硬约束，为生态保护红线监管、污染源综合监管等环境管理工作提供空间管控依据。

三、主要任务

1. 建设“三线一单”数据库

应在前期已经取得相应成果的基础上，进行数据对接、整合、清洗，建立“三线一单”数据库，为查询、分析、综合展示和智能研判提供数据支撑。数据库建设应包含空间数据库、业务数据库、文档资料库等。

2. 实现“三线一单”成果数据采集及更新

“三线一单”数据应用系统需使用生态环境部审核完成后的成果数据开展应用。审核完成后的成果数据中，环境管控单元/要素管控分区将带有国家标识码，严禁使用未经审核的数据开展应用。

要与生态环境部建立数据采集接口。一是自治区发布、细化、完善和更新调整后提交的成果数据，由生态环境部组织开展成果数据审核。数据通过审核后，要通过数据共享系统将数据传输至自治区“三线一单”数据应用平台。二是要与自治区生态环境大数据中心建立接口，实现数据的互联互通、协同应用。

要与盟市环境保护部门建立数据服务接口。自治区可以通过“三线一单”数据应用平台，将审核后的数据反馈各盟市，需为各盟市预留接口。

应按照“三线一单”成果数据报送规范要求，盟市生态环境机构可以在线填报“三线一单”空间管控信息，上传成果数据及相关附件资料，并要提供以人工和计算机辅助结合模式开展入库前的数据检查等，应确保提交的成果数据能够完整入库，同时应支持基础数据更新和管控要求数据更新。

3.“三线一单”数据成果查询及展示要求

数据成果查询和展示主要实现对生态保护红线、生态空间、单要素环境管控分区、综合管控单元、高污染禁燃区等数据的查询展示；实现管控要求和管控单元的图表联动展示；实现多图层聚合展示。

（1）数据成果查询。提供多维度、多条件查询，快速定位目标数据成果，可对多查询结果进行对比分析、叠加分析、时序分析等 GIS 分析。

（2）数据成果展示。数据成果展示应提供“三线一单”分项展示和一张图展示功能。一张图展示应根据自治区、盟市环境控制单元分类、数量进行统计，实现对自治区以及各盟市控制单元总体概况进行统计展示。“三线一单”分项展示应包括优先保护单元展示、重点管控单元展示和一般管控单元展示。优先保护单元展示根据管控单元名称、分类，系统实现自治区优先保护单元的查询，基于一张图展示优先保护单元分布以及管控单元内的详细信息，至少包括区域内基本信息、生态保护红线、环境质量底线、资源利用上线等信息，应支持单矢量图层展示和多个矢量图层叠加展示，应支持单要素环境管控单元明细的查询展示以及管控要求和管控单元的图表联动展示。重点管控区展示根据名称、辖区等条件，实现管控区的展示及详细信息查询，应支持单矢量图层展示和多个矢量图层叠加展示，应支持单要素环境管控单元明细的查询展示，以及管控要求和管控单元的图表联动展示。一般管控单元展示根据管控单元名称、分类，实现自治区一般管控单元的查询，基于一张图对一般生态空间数据进行查询，实现一般管控单元内详细信息的快速查询，并基于一张图展示一般管控单元分布，支持单矢量图层展示和多个矢量图层叠加展示，支持单要素环境管控单元明细的查询展示，以及管控要求和管控单元的图表联动展示。

（3）数据成果导出

数据成果导出功能可将查询结果以多种格式的数据文件快速导出。

4. 能够进行“三线一单”空间管控分析

利用大数据分析建设项目选址合理性与准入条件相符性，并关联环境质量数据与污染源数据，实现“三线一单”成果数据与环境业务深度融合。通过空间冲突分析、项目准入分析、项目选址分析等智能分析研判，为区域环境规划、规划环评、建设项目环评、环境监察执法、排污许可证发放等业务管理工作提供决策支持依据。

1）空间冲突分析。分析拟建项目与生态保护红线的区位关系，严格落实生态保护红线方案和管控要求，及时驳回侵占生态保护红线的拟建项目，为建设项目环评审批提供直观的依据。

2）项目准入分析。依据生态环境准入清单和各管控分区管控要求，判断建设项目是否符合准入条件，对不符合的建设项目进行驳回或警示，为建设项目环评审批提供决策依据。

3）项目选址分析。建设项目选址时应可直观显示项目周边一定范围内的水源地、保护区等敏感保护目标，并自动计算距离。同时应支持新增建设项目和已有同行业、同规模建设项目的横向关联分析，进一步优化行业布局，为战略与规划环评落地提供智能支持。

5. “三线一单”数据成果共享交换要求

通过数据成果共享交换，实现与国家、自治区、各盟市“三线一单”数据动态交换、共享。建设相关业务管理平台接口，探索“三线一单”成果数据在生态环境监管、环评审批、环境执法、排污许可管理等工作中的有效应用。记录相关访问的来源、时间、涉及数据、涉及功能操作等信息，提供对这些信息的查询和统计功能，完善安全防护和权限管理措施。

6. “三线一单”资源目录管理及权限管控要求

建立“三线一单”数据库资源目录，实现数据成果的查询、浏览、展示、导出、统计和更新等功能，实现与自治区生态环境大数据平台的对接工作，动态采集自治区生态环境大数据库相关数据，并进行查询、分析等。为了保障数据及系统安全性，平台应提供完善的权限管理、日志管理机制。其中权限管理通过角色为用户分配权限，用户的权限来源于所属的角色，一个用户只能属于一个角色。

第二节　“三线一单”总体设计

一、整体设计要求

根据生态环境部编制技术要求，结合内蒙古自治区环保日常管理工作需求，通过对内蒙古自治区“三线一单”成果数据的研究、开发、利用，构建内蒙古自治区“三线一单”数据库。数据库能根据国家有关要求形成“三线一单”有关图件，同时还能实现对各市“三线一单”工作底图的拼接、整合、汇总。此外，数据库的建设满足生态环境部对省级数据库验收的技术要求。

基础层：基础层要满足“三线一单”数据相应要求。

数据层：数据层为数据库提供数据存储管理服务。

服务层：数据库为多类型用户提供差异化服务功能，通过建立健全完善的数据库安全防护和权限管理措施进行数据访问，满足不同用户群体业务需求。

应用层：为多类型用户提供多类型平台“三线一单”数据成果查询、展示及分析等服务。

数据库可在互联网、政务外网等环境下安全运行；数据接口及传输标准，要满足数据库与国家、其他省（自治区、直辖市）、内蒙古自治区下设区市“三线一单”数据以及相关业务数据动态交换、共享需求，实现“三线一单”成果数据信息化管理。

二、总体设计思路

充分理解本项目建设目标与建设内容，对内蒙古自治区“三线一单”数据库总体建设框架进行设计。在此基础上开展技术方案设计，明确系统的总体架构，完成数据库及功能设计等。

1. 体系架构思路

平台采用二层或以上体系架构，系统总体采用 B/S 架构进行开发。系统采用模块化的开发方式，各模块之间相互独立，模块接口开放、明确，任何一个应用模块的损坏和更换均不会影响其他模块的使用。系统部署支持分布式计算、负载均衡和集群技术，提供良好的可扩展性和容错性。

2. 系统统一性建设

本平台是系统性的平台工程，各部分建设遵循统一的标准规范，包括数据库建设、系统开发、接口开发、数据字典编制等，平台各部分实现统一用户管理，统一系统设计风格。

3. 系统数据库建设

平台数据库建成后与生态环境大数据资源中心的数据集成和整合，实现业务数据和资源中心的数据同步。业务系统可通过调用资源中心提供的数据服务访问各类业务数据。业务系统的数据库统一部署在内蒙古自治区政务云数据库平台上，关系型数据库采用 Oracle，非关系型数据库采用 HBase（最终以内蒙古自治区政务云平台能够提供的服务为准）。

4. 系统部署

内蒙古自治区生态环境监管软件开发项目建设完成后，将统一部署在内蒙古自治区政务云平台。应用系统均为省级统一部署，市县生态环境局和企业用户可通过权限访问系统。本平台具有较高的可靠性，能够满足 7×24 小时的全天候业务运营要求；本平台具有较高的稳定性，能够应对各种突发流量、集中业务处理等极限环境的长期、稳定运营；本平台具有良好的升级扩展能力，最大限度的提供在线升级和扩展，满足在业务不间断运营下，进行系统接口、功能扩展。

三、设计原则

制定统一的数据标准规范，确保生态空间管控数据能够与平台实现有效对接，将管控数据存储到系统数据库中，并对其进行查询、统计汇总和分析展示等操作，实现与部环评中心生态管控信息的充分交互，为建设科学的项目环评决策提供辅助依据。

1. 标准化原则。本系统接口的制定依据相应的环评行业、电子政务和国家相关标准和规范，并且在整个系统的建设过程中严格依据质量保证体系进行。

2. 一致性原则。需要与系统对接的生态环境管控技术指标和管控数据是以无缝嵌入的方式接入到系统数据库，因此在建立数据存储机制时将充分考虑系统与对接数据接口的一致性问题，完全符合建设“三线一单”数据集成应用数据库的建设原则和规范，保证接入的数据能在系统中正确的展示与分析。

3. 可靠性原则。本项目需要实现技术指标和各类环评接入数据完整、正确地接入到环评生态环境空间管控系统中，建立完善、稳定的数据传输与管理机制，使其在系统中进行良好的展示和分析。建设过程中充分考虑数据接入接口的健壮性和稳定性，保证系统长期的正常运转。

4. 安全性原则。系统的网络配置和软件系统充分考虑地理数据的特殊性，并能够对用户权限进行严格的设定，确保应用系统可以安全可靠地运行。环评生态环境空间管控信息系统的建设将建立完整的安全体系，在数据管理方面加强用户角色的安全性，数据传输采用加密技术，保证数据的安全性。

5. 先进性原则。为保证项目建设的顺利完成和数据展示分析的高效性，在软硬件配置方面，充分考虑性价比的同时，着重考虑系统的先进性。在平台功能设计、程序算法等方面，充分应用软件工程方面的新技术，实现环评生态环境管控信息系统的各项功能。

6. 兼容性原则。信息系统的开放性是其生命力的表现，只有开放的系统才能够兼容和不断发展，才能保证前期投资持续有效，保证系统逐步发展和日益完善。此次系统的建设在运行环境的软、硬件平台选择上符合环评的行业标准，具有良好的兼容性和可扩充性，能够较为容易地实现系统的升级，从而达到保护初期阶段投资的目的。制定的技术指标和数据的接入接口，在设计上充分考虑扩展和开放性，方便接入各类第三方地理空间数据，实现基于环评生态环境空间管控信息系统的应用模块扩展，方便用户通过生态管控系统在线浏览接入数据的相关信息，并快速进行数据分析。

四、总体框架

按照“共享平台+模块化系统”建设思想进行框架设计，依托环保云平台、行业政策法规、标准规范、安全保障体系、基础软硬件支撑平台，充分考虑与现有系统平台集成对接，实现“三线一单”成果落图固化，实现数据集中管理、查询、应用、展示、交换和信息共享共用。本期项目建设总体框架图如下：

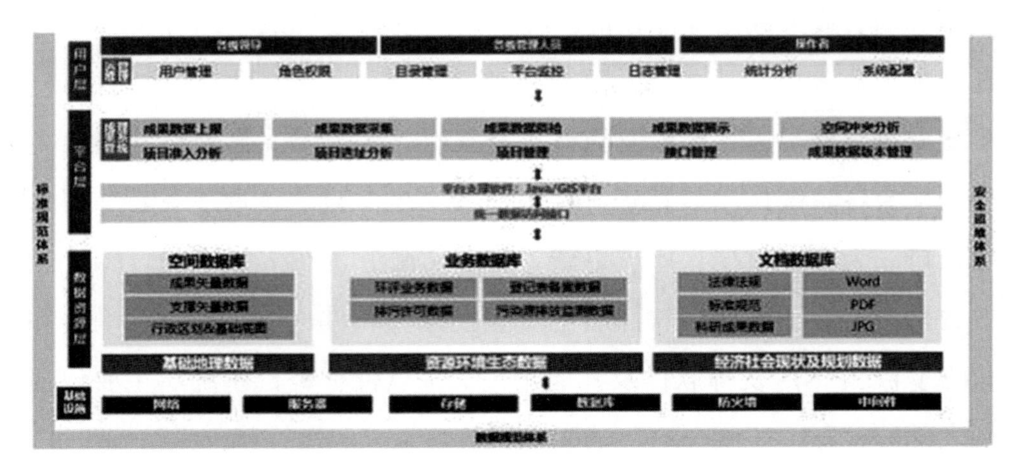

图 10.1　平台总体框架

1. 基础设施层

以内蒙古自治区生态环境信息化现有基础设施为依托进行建设。

2. 数据资源层

数据资源层建设主要包括空间数据库建设、业务数据库建设、文档资料存储管理、平台支撑库建设四部分。其中空间数据库包括基础地图、行政区划、支撑矢量数据、成果矢量数据等；业务数据库包括大环境管控单元管控要求、生态空间管控分区管控要求、水环境管控分区管控要求、大气环境管控分区管控要求、土壤污染风险环境管控分区管控要求、自然资源管控分区管控要求；文档资料存储管理主要包括以文本、图片形式提交的“三线一单”文本、图集、研究报告等；平台支撑库主要包括平台建设、运行维护中涉及的用户信息、角色权限、操作日志等数据。

3. 平台层

平台层主要包括成果数据管理系统主要实现成果数据上报、成果数据展示、成果数据质检、成果数据发布、成果数据资料下载、成果数据查询、成果数据统计分析、成果数据空间分析及空间冲突分析等综合决策业务应用、成果数据版本管理功能以及统一数据访问接口、平台支撑软件层、平台系统层等几个方面。其中统一数据访问接口主要为平台各系统访问数据资源层提供统一的登录、读取、更新、写入等接口，为空间数据入库、更新、展示、服务发布等提供稳定、统一的数据接口；平台支撑软件层主要包括开发软件（主要为Net平台和Java平台）、GIS支撑软件及其他相关支撑软件；平台系统层主要包括两大部分，即“三线一单”成果数据管理系统和运维管理系统。

4. 用户层

用户层主要指平台在实际业务中的使用情况和权限的管理，主要提供平台运行所需的用户管理、角色权限、服务管理、平台监控、日志管理、统计分析、系统配置等几方面。该平台主要用户是内蒙古自治区生态环境厅和各盟市、旗县的生态环境管理部门。平台通过数据服务接口、功能服务接口等方式与自治区生态环境业务系统和生态环境部生态环境相关系统进行交互。

5. 保障体系

此外，平台还包括标准规范体系、安全保障体系、运行维护体系的建设，这是平台稳定运行的重要保障。

第三节 “三线一单”系统设计

一、“三线一单”数据库建设

平台应在内蒙古自治区厅前期开展项目已经取得的相应成果基础

上，进行数据对接、整合、梳理，建立本项目的数据库，为综合展示、智能研判、建设项目环评审批、排污许可核发提供数据基础。

按照“三线一单”数据共享与应用系统建设目标，设计与建设“三线一单”数据库，实现对全省上报的“三线一单”数据集中进行加工、整合和入库，形成分市上报信息数据库、“三线一单”基础数据库、技术库、空间数据库、主题数据库、元数据库、历史数据库等，并针对数据共享与业务对接的需求，建设共享数据库和对接业务数据库。

1. 统一数据标准规范

统一“三线一单”数据标准规范，为“三线一单”数据存储、管理、共享与应用提供规范支持，包括针对数据的实际特点，建立数据管理标准，确定各级数据管理单位的权限、职责，明确数据库的运行、维护、升级、改造、安全、监控等方面的具体要求，建立核心数据库的长效管理标准及机制，统一建设数据采集规范、数据标准化处理流程规范、数据建库标准规范、数据更新维护规范及数据安全保障规范等一系列规范要求，为“三线一单”分析应用系统建设提供技术保障。

2. 数据标准化处理

在数据处理过程中，遵循现有标准体系，与现有的有关国家标准、行业标准或地方标准保持一致。数据标准化处理包括常规数据标准化处理与空间数据标准化处理。

（1）常规数据标准化处理

常规数据标准化处理主要指在数据入库前，针对数据进行数据清洗、质量审核、转换加载等标准化处理。

数据清洗与质量审核。使用 ETL 工具（kettle）对抽取到数据中心的数据进行数据清洗与质量审核操作。在数据入库时，对数据的有效性、合法性、一致性进行检查，并对数据之间的关系建立关联，检查源及目的数据结构的逻辑对应关系，确保来自不同系统、不同格式的数据和信息模型具有一致性和完整性，之后将数据装入数据中心。本系统支持自动导入和人工导入的源数据，同时通过自动校验工具进行检查和审核，能够自动生成供管理人员和操作人员参考的数据质量报告。ETL 工具利用高效的处理引擎保证数据清洗与质量审核的正确性、全面性和高效性，对系统采集的数据，按照事先设置的条件进行自动筛选和标定，通过图形化可配置操作和计算机自动判定的方式进行快速的审核，尽量减少手工操作，提高数据的审核速度。

数据转换。本项目中使用 ETL 转换工具实现对抽取的数据按照一定的规则进行变换。变换的规则包括合并、拆分、转义、统计、替换、编码的转换等。同时 ETL 工具可以支持转换规则的定义工具，提供标准的转换函数和自定义函数。转换流程可转换成标准的 XML 语句，可直接查询与修改，由标准的数据模型生成转换的规则。同时 ETL 工具对抽取的数据可自定义加载周期，采用实时加载和定时加载等方式自定义加载频率周期。无论采取哪一种加载方式，都可以保证数据的完整性和一致性。

数据加载。数据加载是将转换后的数据加载到数据中心，一般情况下，数据加载在系统完成更新之后进行。数据加载策略包括加载周期和数据追加策略。对不同的业务系统，加载数据将采用不同的加载周期，确保业务数据的完整性及一致性。数据加载过程将特别考虑代码规范整理和数据匹配整合。

其他标准化处理。负责对系统采集的数据进行一系列标准化处理，以满足各种类型的统计需要，主要包括数据格式转换功能、时间序列建模功能、属性数据提取功能以及元数据提取功能。

（2）空间数据标准化处理

“三线一单”共享数据库建设的要求与原始数据结构存在差异，将数据组织到母库的过程之前，需要对原始数据进行必要的整合处理。矢量数据和栅格数据分别遵循各自的处理流程，经过标准化处理和数据质检后才能进行数据入库。“三线一单”数据整合建库的基本技术流程如下图所示。

标准化处理。矢量数据和栅格数据标准化处理主要包括数据格式转换、投影转换、定义空间参考、数据拼接、数据裁切、属性项编辑、分层提取等工具。

◆数据格式转换：将多种格式的矢量数据转换为统一的数据格式，保证各种格式的数据能够统一进行整合入库。该工具支持批量转换，转换过程中会通过进度条显示转换进度，并记录详细的操作日志，便于查看格式转换结果。

◆投影转换：实现矢量数据和栅格数据的坐标转换，能够通过配置好的三参数和七参数实现不同椭球体之前的坐标转换，也能够实现同一椭球体不同投影坐标之间的转换。该工具通过选择需要进行坐标转换的源数据目录和图层，选择目标坐标系和输出路径，如果涉及不同椭球体的转换还需要指定地理转换方法。转换过程中会通过进度条显示转换进度，并记录详细的操作日志，便于查看坐标转换结果。

◆定义空间参考：实现矢量数据和栅格数据空间参考的重新批量

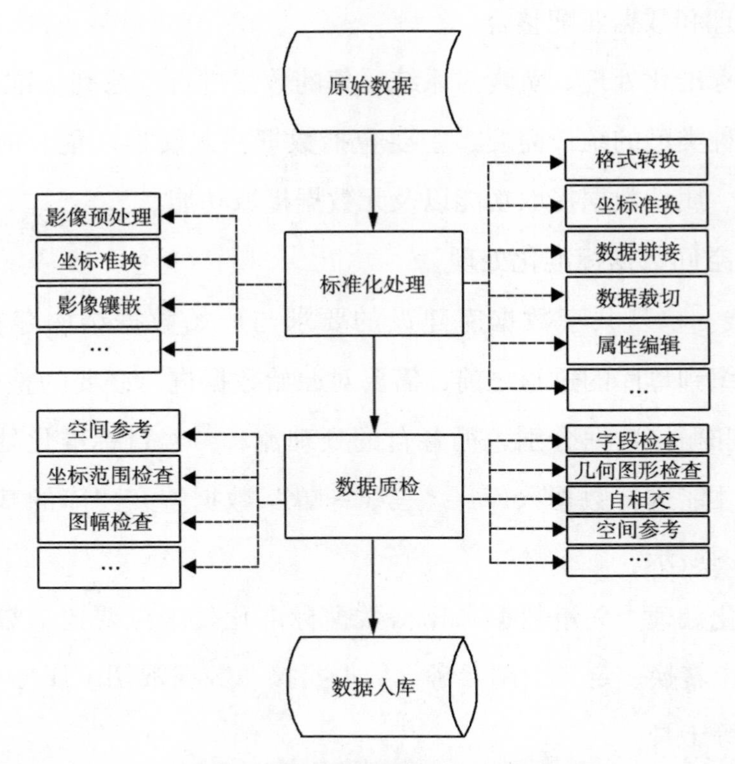

图 10.2　空间数据整合建库技术流程

定义，如果数据本身存在空间参考也支持重新定义。

◆数据拼接：实现不同文件同名同类型矢量图层的批量拼接处理，也支持同类型不同图层的合并处理。

◆数据裁切：实现矢量数据和栅格数据的裁切，裁切时支持指定范围的裁切和按图幅/行政区批量裁切输出。

◆属性项编辑：对某一图层属性字段进行编辑，进行字段增加、修改和删除。

◆分层提取：实现从源图层中抽取满足一定条件的数据生成新的目标图层。该工具支持数据分层提取方案的灵活配置，按照指定的分层提取方案将满足条件的数据输出到指定位置。

数据质检。数据质检是依据数据检查验收与质量评定相关规定的要求对入库数据进行质量检查，以确保数据符合规范要求，并按照数据入库的技术要求，开展入库前的内容属性、拓扑和相互关系合理性检查，确保每一条记录能够按照数据库模型的要求完整入库。

数据质检按照数据类型划分，包括矢量数据检查、栅格数据检查、元数据检查、文件成果检查等。数据质检按照审核内容划分，包括成果矢量数据、管控要求、支撑矢量数据、其他文件。

◆成果矢量数据审核细目：

提交文件名称是否正确；

文件是否能够正常解压、读取；

文件格式是否正确（gdb 格式）；

图层命名是否正确（名称+行政区划代码）；

gdb 是否完整（25×2 图层）；

各图层属性项是否完整；

各图层属性项数据类型、长度是否正确；

各图层属性项填写内容值域是否正确、必填项是否存在空缺、填写内容是否符合规范；

图斑编码是否规范、是否存在重复、是否存在错误；

图层类型是否正确（polygon）；

gdb 各图层坐标系是否正确；

同一图层内部是否存在图斑缝隙、交叠，是否存在极微小图斑；

环境管控单元图层是否为省界的严格剖分；

生态要素优先管控区、一般管控区图层是否存在重叠，二者并集是否为省界的严格剖分；

水要素优先管控区、重点管控区（水环境工业污染重点管控区、城镇生活污染重点管控区、其他水环境重点管控区）、一般管控区三者是否存在重叠，三者并集是否为省界的严格剖分；

大气要素优先管控区、重点管控区（大气高排放重点管控区、布局敏感重点管控区、弱扩散重点管控区、受体敏感重点管控区、其他大气重点管控区）、一般管控区三者是否存在重叠，三者并集是否为省界的严格剖分；

土壤优先管控区、土壤重点管控区（农用地污染风险重点管控区、建设用地污染风险重点管控区、其他土壤重点管控区）、一般管控区三者是否存在重叠，三者并集是否为省界的严格剖分；

自然资源重点管控区（生态用水补给区、地下水开采重点管控区、土地资源重点管控区、高污染燃料禁燃区、自然资源重点管控区、其他自然资源重点管控区）与一般管控区是否存在重叠，二者并集是否为省界的严格剖分。

◆管控要求审核细目：

管控要求文件类型、文件个数、文件命名是否正确；

管控要求文件表格式是否正确；

管控要求和矢量图斑是否是一一对应关系；

管控要求数据必填项是否完整。

◆支撑矢量数据审核细目：

提交文件名称是否正确；

文件是否能够正常解压、读取；

文件格式是否正确（gdb 格式）；

图层命名是否正确（名称+行政区划代码）；

gdb各图层坐标系是否正确;

图层类型是否正确(polygon);

同一图层内部是否存在图斑缝隙、交叠,是否存在极微小图斑。

◆其他文件

文件名称是否正确。

文件格式是否正正确。

3. 数据库设计与建设

按照统一的数据标准规范,开展数据设计与建设,总体包括分市上报信息数据库、基础数据库、空间数据库、技术库、主题数据库、元数据库、历史数据库、共享数据库、业务数据库等。

(1)数据组织

“三线一单”上报数据主要包括四类:成果矢量数据、管控要求、文档材料、支撑矢量数据。基于每类数据具体内容,从全局角度出发,根据管理需求信息,按照不同的分类定义工作,然后分别针对不同数据进行每个主题数据库主题定义。因此,对本项目信息资源数据进行整体设计,具体如下:

整个数据库主要由三部分组成:数据存储管理、数据库、数据管理。

数据存储管理。完成对存储和备份设备、数据库服务器及网络基础设施的管理,实现对数据的物理存储管理和安全管理。

数据库。将汇总的数据进行数据库分配管理,主要分为分市上报信息数据库、对接业务数据库、元数据库、空间数据库、基础数据库、技术库、主题数据库、历史数据库、共享数据库等。

数据管理。数据管理主要包括建库管理、数据输入、数据查询输

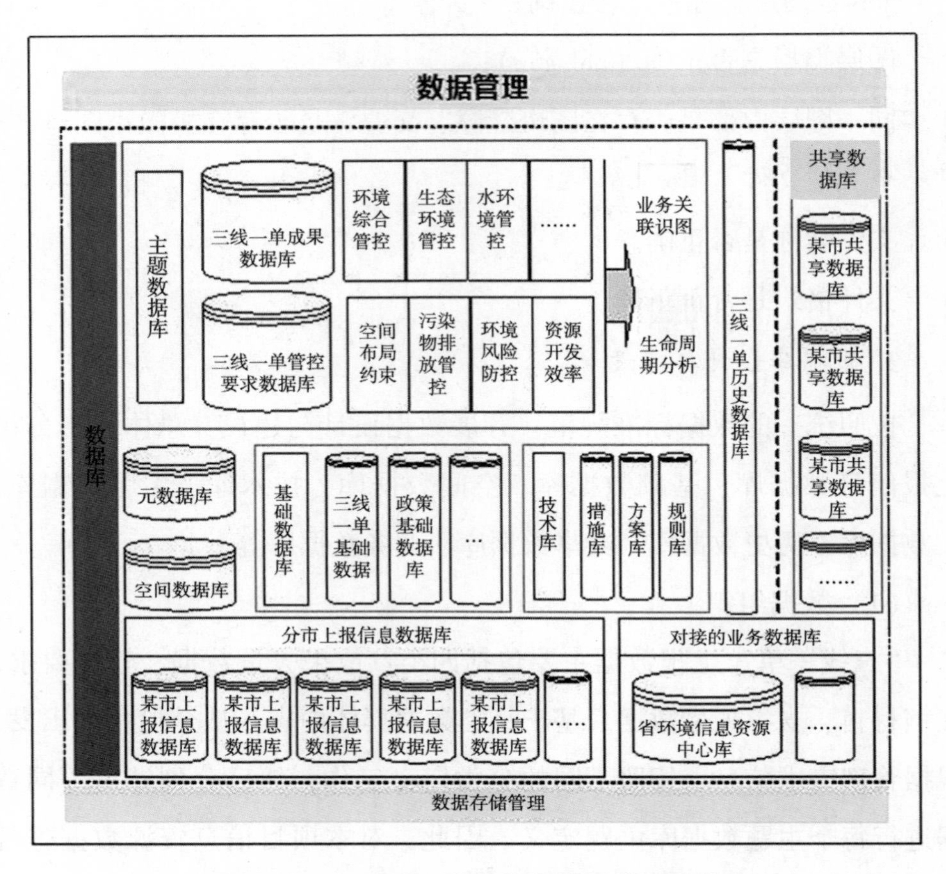

图 10.3 “三线一单” 数据资源管理结构图

出、数据维护管理、代码维护、数据库安全管理、数据库备份恢复、数据库外部接口等数据库管理功能。

(2) 分市上报信息数据库

分市上报信息数据库用于存储各市上报的“三线一单”成果原始数据，主要包括成果矢量原始数据库、管控要求原始数据库、文档材料原始数据库、支撑矢量原始数据库，具有数据质量控制、基本信息管理、数据查询、报表自动生成模块及数据库管理功能。

（3）基础数据库

基础数据库主要用于存储“三线一单”基本业务数据，主要包括生态保护红线基本信息、环境质量底线基本信息、资源利用上线基本信息、环境管控单元基本信息、环境准入负面清单基本信息、环境政策规范基本信息、社会经济基本信息等。

（4）业务数据库

业务数据库主要用于存储与其他业务系统对接的数据，如环评业务数据、排污许可数据、登记表备案数据、环境执法数据等，支持与其他数据库进行交换共享。

（5）共享数据库

共享数据库主要用于存储可以与各市共享交互的数据，支持共享数据抽取、导入与导出。

“三线一单”共享数据库设计内容包括分市上报信息数据库、成果数据库、历史数据库，将加工过的管控数据和现势数据，导入整合共享数据库中，并将上一版本数据归档导入历史数据库。

（6）空间数据库

建立规范、完善的“三线一单”空间数据库和属性数据库，根据地理数据的种类和属性特征，利用空间数据存储的扩展式关系、存储方式进行分层和分幅存储与管理，允许用户在多种数据库管理系统中管理并使用这些地理信息数据，利用空间索引技术与传统的数据检索相结合，调用各类地理空间数据。设计科学的空间数据模型，所有空间数据必须以定义的数据模型格式入库存储，并以地图服务形式发布，供应用系统灵活调用。

本项目中，针对“三线一单”空间数据进行分类管理，主要包括：

1）基础空间数据：主要包括基础地理框架数据和支撑成果矢量数据。

2）专题空间数据：主要包括25类成果矢量文件及25类元数据，具体包括：

环境管控单元矢量文件；

环境管控单元矢量文件元数据；

生态保护红线矢量文件；

生态保护红线矢量文件元数据；

一般生态空间矢量文件；

一般生态空间矢量文件元数据；

生态空间一般管控区矢量文件；

生态空间一般管控区矢量文件元数据；

水环境优先保护区矢量文件；

水环境优先保护区矢量文件元数据；

水环境重点管控区-水环境工业污染重点管控区矢量文件；

水环境重点管控区-水环境工业污染重点管控区矢量文件元数据；

水环境重点管控区-水环境城镇生活污染重点管控区矢量文件；

水环境重点管控区-水环境城镇生活污染重点管控区矢量文件元数据；

水环境重点管控区-水环境农业污染重点管控区矢量文件；

水环境重点管控区-水环境农业污染重点管控区矢量文件元数据；

水环境一般管控区矢量文件；

水环境一般管控区矢量文件元数据；

大气环境优先保护区矢量文件；

大气环境优先保护区矢量文件元数据；

大气环境重点管控区-大气环境高排放重点管控区矢量文件；

大气环境重点管控区-大气环境高排放重点管控区矢量文件元数据；

大气环境重点管控区-大气环境布局敏感重点管控区矢量文件；

大气环境重点管控区-大气环境布局敏感重点管控区矢量文件元数据；

大气环境重点管控区-大气环境弱扩散重点管控区矢量文件；

大气环境重点管控区-大气环境弱扩散重点管控区矢量文件元数据；

大气环境重点管控区-大气环境受体敏感重点管控区矢量文件；

大气环境重点管控区-大气环境受体敏感重点管控区矢量文件元数据；

大气环境一般管控区矢量文件；

大气环境一般管控区矢量文件元数据；

农用地优先保护区矢量文件；

农用地优先保护区矢量文件元数据；

土壤污染风险重点管控区-农用地污染风险重点管控区矢量文件；

土壤污染风险重点管控区-农用地污染风险重点管控区矢量文件元数据；

土壤污染风险重点管控区-建设用地污染风险重点管控区矢量文件；

土壤污染风险重点管控区-建设用地污染风险重点管控区矢量文件元数据；

土壤污染风险一般管控区矢量文件；

土壤污染风险一般管控区矢量文件元数据；

自然资源重点管控区矢量文件；

自然资源重点管控区矢量文件元数据；

自然资源重点管控区-生态用水补给区管控分区矢量文件；

自然资源重点管控区-生态用水补给区管控分区矢量文件元数据；

自然资源重点管控区-地下水开采重点管控区矢量文件；

自然资源重点管控区-地下水开采重点管控区矢量文件元数据；

自然资源重点管控区-土地资源重点管控区矢量文件；

自然资源重点管控区-土地资源重点管控区矢量文件元数据；

自然资源重点管控区-高污染燃料禁燃区矢量文件；

自然资源重点管控区-高污染燃料禁燃区矢量文件元数据；

自然资源-一般管控区矢量文件；

自然资源-一般管控区矢量文件元数据；

（7）技术库

技术库主要包括措施库、方案库和规则库，可实现对措施、案例以及规则信息的维护和检索，包括信息的动态更新、修改、统计、查询、下载功能。

措施库主要包括环境风险防控措施，针对环境管控单元提出优化布局、调整结构、控制规模等调控策略及导向性的环境治理要求，分类明确禁止和限制的环境准入要求，以及针对项目审批或规划环评未通过的处理措施和建议。

方案库主要包括已经侵占生态空间的治理方案、已经损害保护功能的治理方案、大气污染物排放工业企业退出方案、水污染物排放工业企业退出方案、农田治理方案，以及全国典型的规划环评与项目环评案例。案例应具有内容的真实性、决策的可借鉴性及处理问题的启发性等特点，包括时间、项目名称、类型、来源、所属区域、环评结果、环境准入清单等信息。

规则库主要包括环评通过的规则指标项目，以及其他委办局与“三线一单”管控要求相关的法律法规、政策文件。

（8）主题数据库

主题数据库主要包括“三线一单”成果数据库和“三线一单”管控要求数据库，可实现对“三线一单”信息进行高效的组织、存储、管理和展示，以及对“三线一单”信息的更新、修改、统计、查询、下载功能。

“三线一单”成果数据库包括“三线一单”成果文档及附图材料、成果管控数据（环境综合管控单元、生态环境管控分区、水环境管控分区、大气环境管控分区、土壤污染风险管控分区、自然资源管控分区）、成果管控属性数据以及成果制定的标准方法与规范等。

“三线一单”管控要求数据库包括从空间布局约束、污染物排放管控、环境风险防控、资源利用效率等方面，针对环境管控单元提出优化布局、调整结构、控制规模等调控策略及导向性的环境治理要求，分类明确禁止和限制的环境准入要求。

数据库具有数据质量控制、基本信息管理、数据查询、报表自动生成及数据库管理功能。

（9）元数据库

元数据库主要用来组织管理数据体系中定义的各类元数据，包括信息资源目录元数据、数据库对象元数据（数据字典）。

1）信息资源元数据库

信息资源元数据是对信息资源进行描述的数据，通过这些描述信息，使业务用户能够充分了解平台包含哪些信息以及这些信息的相关特征，包括数据集的内容、质量、表示方式、空间参考、管理方式以及数据集的其他特征。信息资源元数据是信息共享和交换的基础和前提。

信息资源元数据库设计主要依据《环境信息元数据规范》中的对环境元数据的定义，具体应用时可根据业务特点和应用需求，遵照一致性要求进行适当扩展，形成应用元数据标准。

2）数据字典库

数据字典又称为技术元数据，是数据仓库领域中的元数据，用来描述数据库中的数据及其环境，为系统开发人员提供了有关数据库设计的相关信息。数据库设计包括各类数据库对象，例如表、视图、索引，关系和列等内容。

数据字典模型主要用各类数据库对象的描述信息，按照《环境信息数据字典标准》定义。

（10）历史数据库

历史数据库主要用于存储各市历史上报数据，将数据按照时间属性分类存储、管理。

二、“三线一单” 数据成果查询及展示

建立“三线一单”数据库资源目录，同时数据库也可实现数据成果的报送、审查、查询、浏览、展示、导出、统计和更新等功能。此

外，数据库要与省生态环境大数据平台进行对接，具有读取省生态环境大数据库相关数据，并进行查询、分析等功能。

数据成果查询和展示功能主要包括生态保护红线、生态空间的查询和展示，单要素环境管控分区、综合管控单元等的查询展示，高污染禁燃区等数据的查询展示，管控要求和管控单元的图表联动展示。

1. 数据成果查询展示

基于基础数据资源目录、“三线一单” 成果目录和环保业务数据，提供各类数据的综合查询和可视化展示功能，支持多条件自定义组合的高效模糊查询，查询结果可快速导出数据文件。所有数据查询和操作均考虑权限管理和安全保障措施。系统支持数据成果查询、数据成果展示和成果导出。

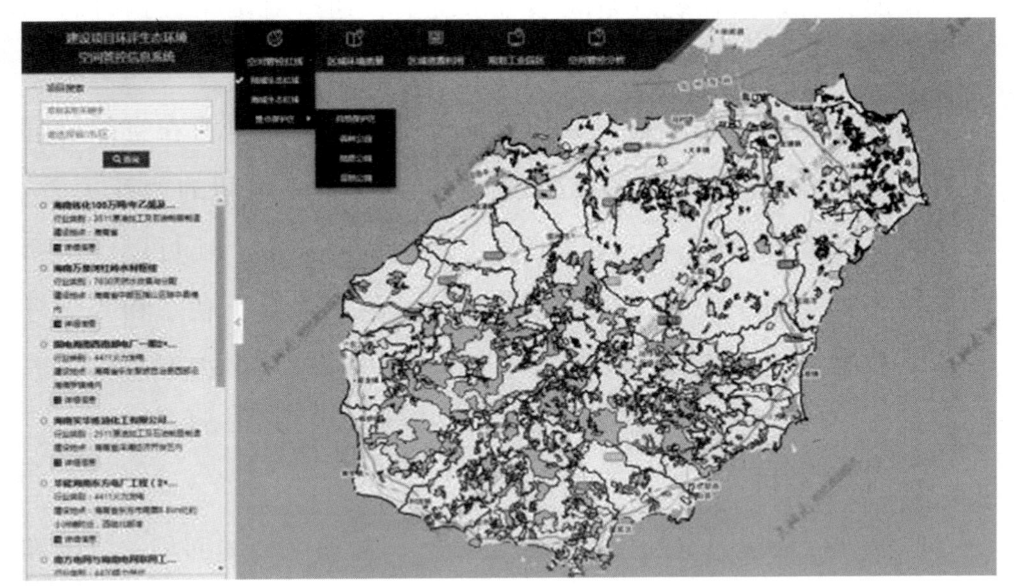

图 10.4　数据成果查询展示

(1) 数据成果查询

数据成果查询功能可提供多维度、多条件查询，快速定位目标数据成果，可对多查询结果进行对比分析、叠加分析、时序分析等GIS分析。

1) 多维度、多条件查询

数据查询包括便捷查询和复杂查询，用户可以根据不同的需求选择不同的查询方式。

2) 对比分析

通过对比分析可实现同类型管控区域不同区县的面积对比分析、同类型管控区域不同区县的数量对比分析、同区域不同管控类别区域的面积对比分析、同区域不同管控类别区域的数量对比分析等。系统支持以柱状图、饼图、折线图等形式展现对比分析结果。

3) 叠加分析

叠加分析是指在统一空间参考系统下，通过对两个数据进行的一系列集合运算，产生新数据的过程。分析的数据可以是图层对应的数据集，也可以是地物对象。叠加分析的目标是分析在空间位置上有一定关联的空间对象的空间特征和专属属性之间的相互关系。多层数据的叠加分析，不仅仅产生了新的空间关系，还可以产生新的属性特征关系，能够发现多层数据间的相互差异、联系和变化等特征。叠加分析包括点与多边形、线与多边形以及多边形与多边形的叠加。

4) 时序分析

时序分析是指固定某生态保护红线区，对该区域的面积、范围和管控级别进行时间序列查询，并绘制出相应的变化趋势图，并根据不同的间段分别生成生态保护红线区年变化图。

（2）数据成果展示

数据成果展示功能可提供“三线一单”分项展示和一张图展示功能；

1）一张图展示是系统根据省、市环境控制单元分类、数量进行统计，实现对全省以及各市控制单元总体概况进行统计展示。

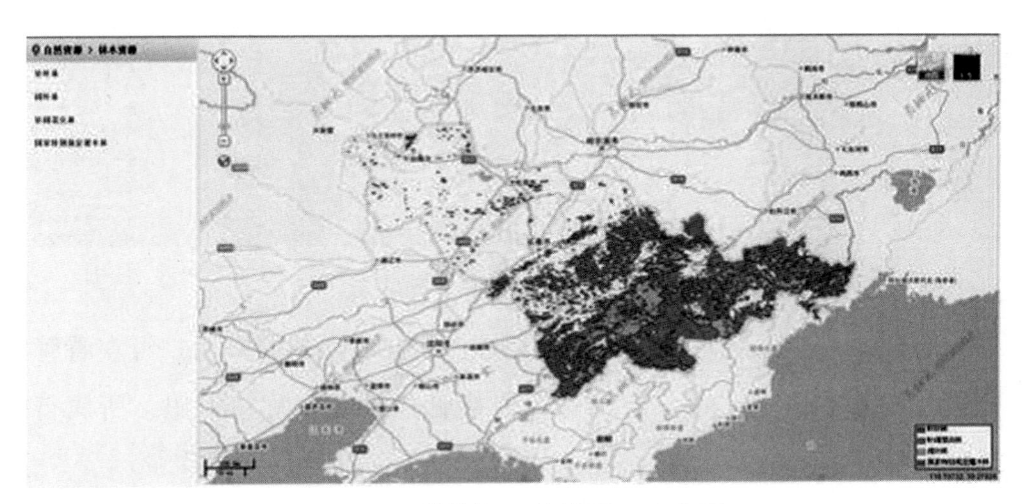

图 10.5　整体概况统计展示示意图

2）分项展示包括优先保护单元展示、重点管控单元展示和一般管控单元展示。

◆优先保护单元展示

根据管控单元名称、分类，系统实现全省优先保护单元的查询，基于一张图展示优先保护单元分布以及管控单元内的详细信息，包括区域内基本信息、生态保护红线、环境质量底线、资源利用上线等信息。

◆重点管控区展示

根据名称、辖区等条件，系统实现管控区的展示及详细信息查询。利用 GIS 展示全省各区域生态空间分区分布，包括优先保护区（生态保护红线-生态功能重要区域、生态保护红线-生态环境敏感脆弱区域、生态保护红线-其他区域）、重点管控区（除生态保护红线外其他

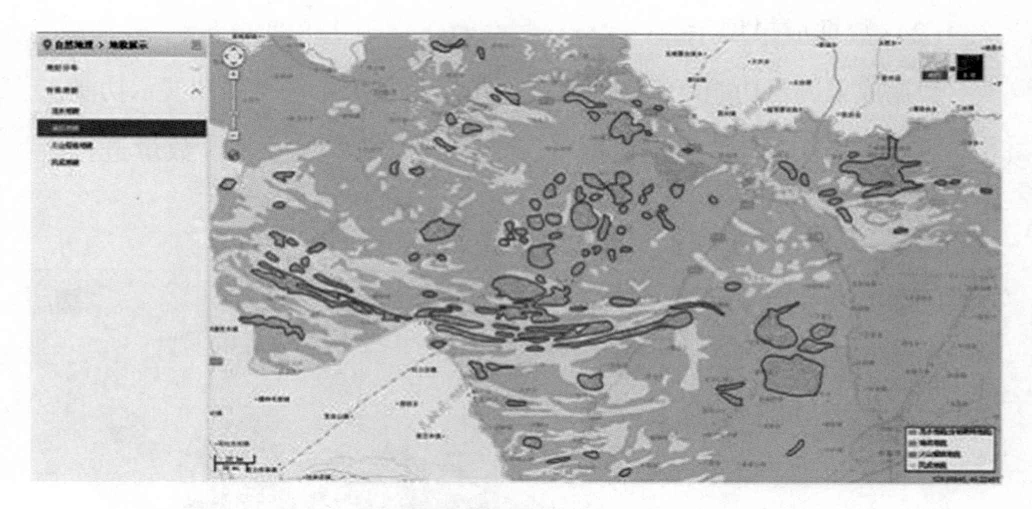

图 10.6　优先保护单元展示

生态空间)、一般管控区空间分布情况。点击具体管控单元，可查看管控单元的基本信息、管控要求等，包括管控单元名称、编码、所属行政区域等。

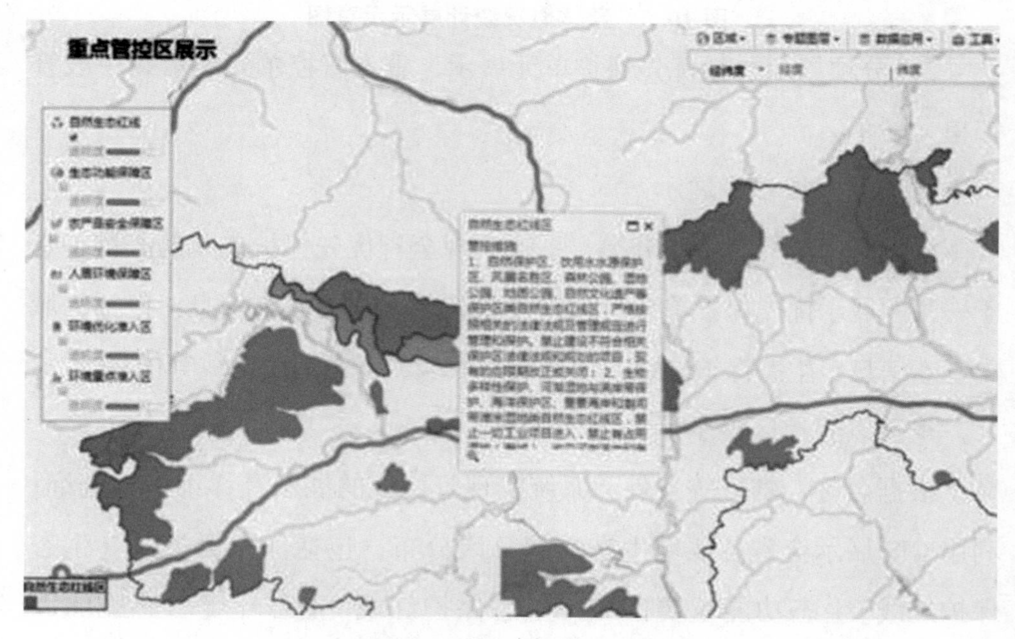

图 10.7　重点管控区展示

◆一般管控单元展示

根据管控单元名称、分类，系统应实现全省一般管控单元的查询。通过线查询、缓冲区查询、矩形查询和多边形查询等多种查询方式，系统可实现一般管控单元内的详细信息的快速查询，并基于一张图展示一般管控单元分布。

（3）数据成果导出

数据成果导出功能可将查询结果以多种格式的数据文件快速导出。

2. 生态保护红线、生态空间的查询和展示

生态保护红线、生态空间的查询和展示，支持单矢量图层展示和多个矢量图层叠加展示，点击矢量数据可查看红线和生态空间的基本信息。

按照主导生态功能的不同，将生态保护红线按内蒙古自治区各区域分类，用户通过点击地图相应区域即可查看该分区的详细信息。

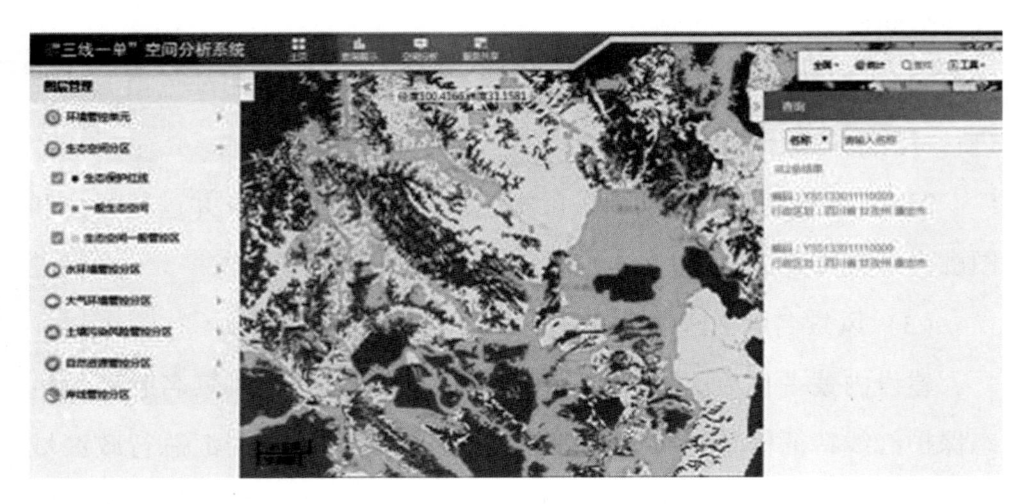

图 10.8　生态保护红线 GIS 综合展示

生态保护红线分布图建设包括生态保护红线分布总图、世界文化和自然遗产红线分布图、自然保护区红线分布图、风景名胜区红线分布图、森林公园红线分布图、地质公园红线分布图、重要湿地和湿地公园红线分布图、集中式饮用水水源保护区红线分布图、生态公益林红线分布图、国家和省级重点生态功能区红线分布图等。

（1）世界文化和自然遗产红线分布图

建设内蒙古自治区的世界文化和自然遗产红线分布图，将世界文化和自然遗产的生态保护红线特征信息与空间地理位置信息统一管理，并汇总行政区域红线面积以及一级管控区、二级管控区面积，基于城市的电子地图实现红线分布图的展示。

（2）自然保护区红线分布图

建设内蒙古自治区的自然保护区红线分布图，将自然保护区的生态保护红线特征信息与空间地理位置信息统一管理，并汇总行政区域红线面积以及一级管控区、二级管控区面积，基于城市电子地图实现红线分布图的展示。包括：

1）一级管控区：自然保护区的核心区和缓冲区。用红色填充，并进行标注和图廓内外整饰。

2）二级管控区：自然保护区实验区。用黄色填充，并进行标注和图廓内外整饰。

（3）风景名胜区红线分布图

建设内蒙古自治区的风景名胜区红线分布图，将风景名胜区的生态保护红线特征信息与空间地理位置信息统一管理，并汇总行政区域红线面积以及一级管控区、二级管控区面积，基于内蒙古自治区的电子地图实现红线分布图的展示。

（4）森林公园红线分布图

建设内蒙古自治区的森林公园生态保护红线分布图，将森林公园的生态保护红线特征信息与空间地理位置信息统一管理，并汇总行政区域红线面积以及一级管控区、二级管控区面积，基于内蒙古自治区的电子地图实现红线分布图的展示。

（5）地质公园红线分布图

建设内蒙古自治区的地质公园生态保护红线分布图，将地质公园的生态保护红线特征信息与空间地理位置信息统一管理，并汇总行政区域红线面积以及一级管控区、二级管控区面积，基于内蒙古自治区的电子地图实现红线分布图的展示。

（6）重要湿地和湿地公园红线分布图

建设内蒙古自治区的重要湿地和湿地公园生态保护红线分布图，将重要湿地和湿地公园的生态保护红线特征信息与空间地理位置信息统一管理，并汇总行政区域红线面积以及一级管控区、二级管控区面积，基于内蒙古自治区的电子地图实现红线分布图的展示。

3. 单要素环境管控分区、综合管控单元等的查询展示

环境管控单元查询展示，主要是针对单要素环境管控分区、综合管控单元等的查询展示，单要素环境管控分区包括生态空间管控单元管理、水环境管控单元管理、大气环境管控单元管理和土壤环境管控单元，点击综合管控单元可查看该管控单元内包含的所有管控分区以及相应管控要求，并且通过系统权限设置允许信息的创建机构进行操作。

4. 环境综合管控单元展示

环境综合管控单元展示包括：管控分区编码、单元名称、行政区

划（省、市、县）、管控单元分类、环境要素分类、要素细类、面积、边界范围和版本等。

（1）生态空间管控单元

生态空间管控单元展示包括：管控分区编码、空间名称、行政区划（省、市、县）、管控单元分类、环境要素分类、要素细类、面积、边界范围和版本等。

（2）水环境管控单元

水环境管控单元展示包括：管控单元分区编码、单元名称、行政区划（省、市、县）、控制断面、管控单元分类、环境要素分类、要素细类、面积、边界范围和版本等。

（3）大气环境管控单元

大气环境管控单元展示包括：管控单元分区编码、单元名称、行政区划（省、市、县）、管控单元分类、环境要素分类、要素细类、面积、边界范围和版本等。

（4）土壤环境管控单元

土壤环境管控单元展示包括：管控单元分区编码、单元名称、行政区划（省、市、县）、管控单元分类、环境要素分类、要素细类、面积、边界范围和版本等。

5. 高污染禁燃区等数据的查询展示

禁燃区是指县级以上人民政府（含县级）划定的除集中供热单位外，禁止销售、使用高污染燃料的区域。禁燃区内禁止燃用的燃料种类包括：煤炭及其制品、石油焦、油页岩、原油、重油、渣油、煤焦油、非专用锅炉或未配置高效除尘设施的专用锅炉燃用生物质成型燃料。除集中供热单位外，禁燃区内的单位和个人应将高污染燃料改用为天然气、液化气、电或其他清洁能源。禁燃区内不得新建、扩建燃烧煤炭、重油、渣油等高污染燃料的设施。现有未改用清洁能源替代的高污染燃料设施，应当配套建设先进工艺的脱硫、脱硝、除尘装置或者采取其他措施。

高污染禁燃区等数据的查询展示，点击可显示相应区域的基本信息，包括禁燃区的面积、禁止燃烧的燃料种类、禁止新建的高污染燃料设施等。

6. 管控要求和管控单元的图表联动展示

实现清单中管控要求和管控单元的图表联动展示，点击界面右侧清单中的管控单元，在清单左侧地图上显示该管控单元所在区域，同时在右侧清单中可查看该区域管控要求。

第四节　“三线一单”管控分析

一、空间管控分析

结合区域建设项目环评生态环境空间管控要求，对管控规则进行分析、整理、量化并按系统的格式要求入库，同时对环评项目的基本信息进行标准化处理并整理入库。针对用户需求，系统设计相应的角色权限控制，实现分系统独立使用的能力，达到不同区域使用过程中逻辑上的分离，相互独立。

管理员用户登录系统后，可以查询管理本省所有的相关信息。系统集成管控规则，涵盖区域产业管控、陆域生态红线空间管控、海域生态红线空间管控、负面清单管控、自然保护区空间管控等，管控规则如下所示：

objectid integer	kjfw character va	lbsbm character va	hylb character varying(255)	dl character va	zl character va	xl character va	xmxz character va	xmgm character va	xzcn character va	rule numeric(38,	remarks character va
1	460000	CNGS	黑色金属冶炼和压延加工业	31	不限	不限	新建	不限	不限	0.00000000	钢铁行业
2	460000	CNGS	黑色金属冶炼和压延加工业	32	不限	不限	改建	不限	是	0.00000000	
3	460000	CNGS	黑色金属冶炼和压延加工业	33	不限	不限	扩建	不限	否	1.00000000	
4	460000	CNGS	黑色金属冶炼和压延加工业	34	不限	不限	扩建	不限	是	0.00000000	
5	460000	CNGS	黑色金属冶炼和压延加工业	35	不限	不限	改建	不限	否	1.00000000	
6	460000	CNGS	黑色金属矿采选业	08	不限	不限	新建	不限	不限	0.00000000	钢铁行业
7	460000	CNGS	黑色金属矿采选业	09	不限	不限	改建	不限	是	0.00000000	
8	460000	CNGS	黑色金属矿采选业	10	不限	不限	改建	不限	否	1.00000000	
9	460000	CNGS	黑色金属矿采选业	11	不限	不限	扩建	不限	是	2.00000000	
10	460000	CNGS	黑色金属矿采选业	12	不限	不限	扩建	不限	否	3.00000000	
11	460000	CNGS	水泥制造	30	301	3011	新建	不限	不限	0.00000000	水泥
12	460000	CNGS	水泥制造	31	301	3011	改建	不限	是	0.00000000	
13	460000	CNGS	水泥制造	32	301	3011	改建	不限	否	1.00000000	
14	460000	CNGS	水泥制造	33	301	3011	扩建	不限	是	0.00000000	
15	460000	CNGS	水泥制造	34	301	3011	扩建	不限	否	1.00000000	
16	460000	CNGS	铝冶炼	32	321	3216	新建	不限	不限	0.00000000	电解铝
17	460000	CNGS	铝冶炼	32	321	3216	改建	不限	是	0.00000000	
18	460000	CNGS	铝冶炼	32	321	3216	改建	不限	否	1.00000000	
19	460000	CNGS	铝冶炼	32	321	3216	扩建	不限	是	0.00000000	
20	460000	CNGS	铝冶炼	32	321	3216	扩建	不限	否	1.00000000	
21	460000	CNGS	平板玻璃制造	30	304	3041	新建	不限	不限	0.00000000	平板玻璃
22	460000	CNGS	平板玻璃制造	30	304	3041	改建	不限	是	0.00000000	
23	460000	CNGS	平板玻璃制造	30	304	3041	改建	不限	否	1.00000000	
24	460000	CNGS	平板玻璃制造	30	304	3041	扩建	不限	是	0.00000000	
25	460000	CNGS	平板玻璃制造	30	304	3041	扩建	不限	否	1.00000000	
26	460000	DQMR	娱乐船和运动船制造	37	373		新建	不限	不限	0.00000000	船舶
27	460000	DQMR	娱乐船和运动船制造	37	373		改建	不限	是	0.00000000	
28	460000	DQMR	娱乐船和运动船制造	37	373		改建	不限	否	1.00000000	

图 10.9 区域管控规则表

objectid integer	flsbm character va	type character va	dl character varying(2	zl character varying(255)	xl character va	czzk character va	gkyq character varying(255)	remarks character varying(255)	zzlx characte
1	NLNY	A农林牧渔业	01农业	不限	不限	现有主导	不得在25度以上陡坡地开垦种	《指导目录》允许类	限制类
2	NLNY	A农林牧渔业	02林业	024木材和竹材采运	不限	现有一般	年森林采伐总量不超过41400立方米	《指导目录》允许类	限制类
3	CKY	B采矿业	10非金属矿采选业	101土砂石开采	不限	现有一般	不新增开采点	《指导目录》允许类	限制类
4	CKY	B采矿业	12其他采矿业	120其他采矿业	不限	现有一般	不新增开采点	《指导目录》允许类	限制类
5	ZZZY	C制造业	13农副食品加工业	131谷物磨制	不限	现有一般	新上项目仅限布局在番阳镇规划区、通什镇域	《指导目录》允许类	限制类
6	ZZZY	C制造业	13农副食品加工业	131谷物磨制	不限	现有一般	新上项目仅限布局在番阳镇规划区、通什镇域	《指导目录》允许类	限制类
7	ZZZY	C制造业	13农副食品加工业	132饲料加工	不限	现有一般	新上项目仅限布局在番阳镇规划区、通什镇域	《指导目录》允许类	限制类
8	ZZZY	C制造业	13农副食品加工业	132饲料加工	不限	现有一般	新上项目仅限布局在番阳镇规划区、通什镇域	《指导目录》允许类	限制类
9	ZZZY	C制造业	13农副食品加工业	133植物油加工	不限	现有一般	新上项目仅限布局在番阳镇规划区、通什镇域	《指导目录》允许类	限制类
10	ZZZY	C制造业	13农副食品加工业	133植物油加工	不限	现有一般	新上项目仅限布局在番阳镇规划区、通什镇域	《指导目录》允许类	限制类
11	ZZZY	C制造业	13农副食品加工业	135屠宰及肉类加工	不限	现有一般	不得新上项目	《指导目录》允许类	限制类
12	ZZZY	C制造业	13农副食品加工业	137蔬菜、水果和坚果加工	不限	现有一般	新上项目仅限布局在番阳镇规划区、通什镇域	《指导目录》允许类	限制类
13	ZZZY	C制造业	13农副食品加工业	137蔬菜、水果和坚果加工	不限	现有一般	新上项目仅限布局在番阳镇规划区、通什镇域	《指导目录》允许类	限制类
14	ZZZY	C制造业	13农副食品加工业	139其他农副食品加工	不限	现有一般	新上项目仅限布局在番阳镇规划区、通什镇域	《指导目录》允许类	限制类
15	ZZZY	C制造业	13农副食品加工业	139其他农副食品加工	不限	现有一般	新上项目仅限布局在番阳镇规划区、通什镇域	《指导目录》允许类	限制类
16	ZZZY	C制造业	14食品制造业	不限	不限	规划发展	新上项目仅限布局在番阳镇规划区、通什镇域	《指导目录》允许类	限制类
17	ZZZY	C制造业	14食品制造业	不限	不限	规划发展	新上项目仅限布局在番阳镇规划区、通什镇域	《指导目录》允许类	限制类
18	ZZZY	C制造业	15酒、饮料和精制茶	151酒的制造	不限	现有一般	新上项目仅限布局在番阳镇规划区、通什镇域	《指导目录》允许类	限制类
19	ZZZY	C制造业	15酒、饮料和精制茶	151酒的制造	不限	现有一般	新上项目仅限布局在番阳镇规划区、通什镇域	《指导目录》允许类	限制类
20	ZZZY	C制造业	15酒、饮料和精制茶	152饮料制造	不限	现有一般	新上项目仅限布局在番阳镇规划区、通什镇域	《指导目录》允许类	限制类
21	ZZZY	C制造业	15酒、饮料和精制茶	152饮料制造	不限	现有一般	新上项目仅限布局在番阳镇规划区、通什镇域	《指导目录》允许类	限制类
22	ZZZY	C制造业	20木材加工和木、竹	202人造板制造	不限	现有一般	新上项目仅限布局在番阳镇规划区、通什镇域、南圣镇域	《指导目录》允许类	限制类
23	ZZZY	C制造业	20木材加工和木、竹	202人造板制造	不限	现有一般	新上项目仅限布局在番阳镇规划区、通什镇域、南圣镇域	《指导目录》允许类	限制类
24	ZZZY	C制造业	20木材加工和木、竹	202人造板制造	不限	现有一般	新上项目仅限布局在番阳镇规划区、通什镇域、南圣镇域	《指导目录》允许类	限制类
25	ZZZY	C制造业	21家具制造业	不限	不限	现有一般	新上项目仅限布局在通什镇域	《指导目录》允许类	限制类
26	ZZZY	C制造业	23印刷和记录媒介复	不限	不限	现有一般	新上项目仅限布局在通什镇域	《指导目录》允许类	限制类
27	ZZZY	C制造业	27医药制造业	273中药饮片加工	不限	规划发展	新上项目仅限布局在番阳镇规划区、通什镇域	《指导目录》允许类	限制类
28	ZZZY	C制造业	27医药制造业	273中药饮片加工	不限	规划发展	新上项目仅限布局在番阳镇规划区、通什镇域	《指导目录》允许类	限制类
29	ZZZY	C制造业	27医药制造业	274中成药生产	不限	规划发展	新上项目仅限布局在番阳镇规划区、通什镇域	《指导目录》允许类	限制类
30	ZZZY	C制造业	27医药制造业	274中成药生产	不限	规划发展	新上项目仅限布局在番阳镇规划区、通什镇域	《指导目录》允许类	限制类
31	ZZZY	C制造业	29橡胶和塑料制品业	291橡胶制品业	不限	现有一般	不得新上项目	《指导目录》允许类	限制类
32	ZZZY	C制造业	30非金属矿物制品业	302石膏、水泥制品及类似	不限	现有一般	新上项目仅限布局在毛阳镇域	《指导目录》允许类	限制类

图 10.10 负面清单管控规则表

objectid integer	kjfw character varying(255)	hylb character va	xmxzh character va	xmgm character va	b_type character va	m_type character va	s_type character va	glkyj character va	glkyq text	remarks character va	kjfwcode character va	pac character va
11	陆域Ⅰ类生态保护	铁路工程建	不限	不限	48	481	4811	1. 《海南省	《海南省生	铁路	01	460000
10	陆域Ⅰ类生态保护	公路工程建	不限	不限	48	481	4812	1. 《海南省	《海南省生	公路	01	460000
1	陆域Ⅰ类生态保护	造林和更新	不限	不限	02	022	0220	1. 《海南省	《海南省生	退耕还林，	01	460000
2	陆域Ⅰ类生态保护	森林经营和	不限	不限	02	023	0230	1. 《海南省	《海南省生	天然林保护	01	460000
3	陆域Ⅰ类生态保护	林业有害生	不限	不限	05	052	0521	1. 《海南省	《海南省生	森林灾害防	01	460000
4	陆域Ⅰ类生态保护	森林防火服	不限	不限	05	052	0522	1. 《海南省	《海南省生		01	460000
5	陆域Ⅰ类生态保护	自然保护区	不限	不限	77	771	7711	1. 《海南省	《海南省生	自然保护区	01	460000
6	陆域Ⅰ类生态保护	野生动物保	不限	不限	77	771	7712	1. 《海南省	《海南省生	珍惜濒危野	01	460000
7	陆域Ⅰ类生态保护	野生植物保	不限	不限	77	771	7713	1. 《海南省	《海南省生	珍惜濒危野	01	460000
8	陆域Ⅰ类生态保护	其他自然保	不限	不限	77	771	7719	1. 《海南省	《海南省生	地质环境保	01	460000
9	陆域Ⅰ类生态保护	机场	不限	不限	56	563	5631	1. 《海南省	《海南省生	机场	01	460000
12	陆域Ⅰ类生态保护	水利和内河	不限	不限	48	482	不限	1. 《海南省	《海南省生	港口、防洪、	01	460000
13	陆域Ⅰ类生态保护	电信、广播	不限	不限	63	不限	不限	1. 《海南省	《海南省生	通信	01	460000
14	陆域Ⅰ类生态保护	电力供应	不限	不限	44	442	4420	1. 《海南省	《海南省生	电网	01	460000
15	陆域Ⅰ类生态保护	架线和管道	不限	不限	48	485	不限	1. 《海南省	《海南省生	通信、电网	01	460000
16	陆域Ⅰ类生态保护	灌溉服务	不限	不限	05	051	0512	1. 《海南省	《海南省生	农业灌溉设	01	460000
17	陆域Ⅰ类生态保护	自用住房翻	改建	不超过现有				1. 《海南省	《海南省生		01	460000
18	陆域Ⅰ类生态保护	社区服务设	不限	不限				1. 《海南省	《海南省生		01	460000
19	陆域Ⅰ类生态保护	医院	不限	不限	83	831	不限	1. 《海南省	《海南省生	医疗服务设	01	460000
20	陆域Ⅰ类生态保护	社区医疗与	不限	不限	83	832	不限	1. 《海南省	《海南省生	医疗服务设	01	460000
21	陆域Ⅰ类生态保护	教育	不限	不限	82	不限	不限	1. 《海南省	《海南省生	教育服务设	01	460000
22	陆域Ⅰ类生态保护	天然水收集	不限	不限	76	763	7630	1. 《海南省	《海南省生	饮水工程	01	460000
23	陆域Ⅰ类生态保护	自来水生产	不限	不限	46	461	4610	1. 《海南省	《海南省生	饮水工程	01	460000
24	陆域Ⅰ类生态保护	污水处理及	不限	不限	46	462	4620	1. 《海南省	《海南省生	污水处理设	01	460000
25	陆域Ⅰ类生态保护	环境卫生管	不限	不限	78	782	7820	1. 《海南省	《海南省生	生活垃圾转	01	460000
26	陆域Ⅱ类生态保护	造林和更新	不限	不限	02	022	0220	1. 《海南省	《海南省生	退耕还林，	02	460000
27	陆域Ⅱ类生态保护	森林经营和	不限	不限	02	023	0230	1. 《海南省	《海南省生	天然林保护	02	460000
28	陆域Ⅱ类生态保护	林业有害生	不限	不限	05	052	0521	1. 《海南省	《海南省生	森林灾害防	02	460000
29	陆域Ⅱ类生态保护	森林防火服	不限	不限	05	052	0522	1. 《海南省	《海南省生		02	460000

图 10.11　陆域生态红线管控规则表

objectid integer	kjfw character varying(255)	fbsbm character va	hylb character varying(255)	xmxz character va	xmgm character va	dl character va	zl character va	xl character va	remarks character va
1	自然保护区核心区	ZRHX	无	/	/	/	/	/	
2	自然保护区缓冲区	ZRHC	无	/	/	/	/	/	
3	自然保护区实验区	ZRSY	造林和更新	不限	不限	02	022	0220	退耕还林
4	自然保护区实验区	ZRSY	森林经营和管护	不限	不限	02	023	0230	天然林保护
5	自然保护区实验区	ZRSY	林业有害生物防治服务	不限	不限	05	052	0521	森林灾害防
6	自然保护区实验区	ZRSY	森林防火服务	不限	不限	05	052	0522	
7	自然保护区实验区	ZRSY	自然保护区管理	不限	不限	77	771	7711	自然保护区
8	自然保护区实验区	ZRSY	野生动物保护	不限	不限	77	771	7712	珍惜濒危野
9	自然保护区实验区	ZRSY	野生植物保护	不限	不限	77	771	7713	珍惜濒危野
10	自然保护区实验区	ZRSY	其他自然保护	不限	不限	77	771	7719	地质环境保
11	自然保护区实验区	ZRSY	机场	不限	不限	56	563	5631	机场
12	自然保护区实验区	ZRSY	公路工程建筑	不限	不限	48	481	4812	公路
13	自然保护区实验区	ZRSY	铁路工程建筑	不限	不限	48	481	4811	铁路
14	自然保护区实验区	ZRSY	水利和内河港口工程建筑	不限	不限	48	482	不限	港口、水利
15	自然保护区实验区	ZRSY	电信、广播电视和卫星传输服务	不限	不限	63	不限	不限	塔转台、电
16	自然保护区实验区	ZRSY	电力供应	不限	不限	44	442	4420	电网
17	自然保护区实验区	ZRSY	架线和管道工程建筑	不限	不限	48	485	不限	电网、管网
18	自然保护区实验区	ZRSY	灌溉服务	不限	不限	05	051	0512	农业灌溉设
19	自然保护区实验区	ZRSY	自用住房翻修改造	改建	不超过现有				
20	自然保护区实验区	ZRSY	社区服务设施	不限	不限				
21	自然保护区实验区	ZRSY	卫生	不限	不限	83	不限	不限	医疗服务设
22	自然保护区实验区	ZRSY	教育	不限	不限	82	不限	不限	教育服务设
23	自然保护区实验区	ZRSY	天然水收集与分配	不限	不限	76	763	7630	饮水工程
24	自然保护区实验区	ZRSY	自来水生产和供应	不限	不限	46	461	4610	饮水工程
25	自然保护区实验区	ZRSY	污水处理及其再生利用	不限	不限	46	462	4620	村镇（农场）
26	自然保护区实验区	ZRSY	环境卫生管理	不限	不限	78	782	7820	村镇（农场）
27	自然保护区实验区	ZRSY	公园和游览景区管理	不限	不限	78	785	不限	观光设施

图 10.12　自然保护区管控规则表

关于空间管控红线、区域环境质量级规划工业园区等规划数据提供 GIS 直观展示查询。

试点应用中集成该区域内几十个环评项目详细基础数据信息，进行测试试用，基础信息包括空间位置、项目组成、环境质量、环境管理等内容。如下所示：

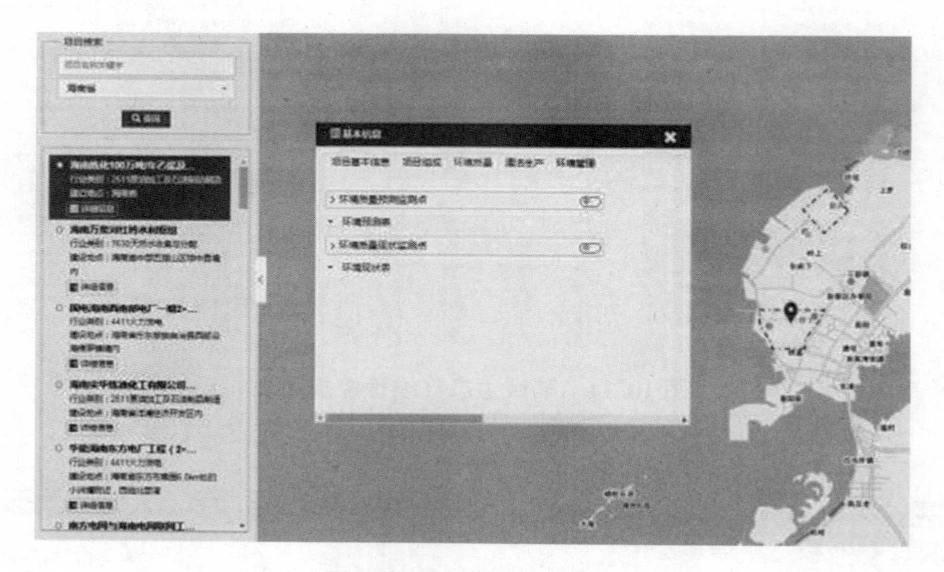

图 10.13　基础信息查询

校核分析在规则库的支撑下可以快速的校核项目是否符合区域多规管控要求，主要包括以下几个方面：陆域生态红线空间管控、海域生态红线空间管控、负面清单管控、自然保护区空间管控、区域大气环境质量达标分析、区域噪声环境质量达标分析、是否符合园区主导产业定位、是否符合园区工业园区用地要求等。规则库缺失的提供人工校核判断功能，用户可以根据管控规则和项目的基础信息确认是否满足要求，人工进行选择项目是否合格。

图 10.14　项目校核分析

图 10.15　人工校核

二、智能审批

智能审批可支持在地图上任意标绘一个点（线或者面），或输入点经纬度坐标，或导入已有坐标文件，智能判断该项目是否符合相关产业政策、是否属于该地区生态环境准入负面清单、污染物预测排放浓度是否满足相应标准要求、是否压占生态保护红线、该地区大气及水环境容量是否有剩余、是否符合清洁生产有关要求等。通过上述条件进而项目准入判断。

针对新建项目准入问题，主要根据“三线一单”资料，结合环境准入负面清单，制定准入分析模型，将已有的原则和标准量化；结合建设项目的具体信息，包括建设项目类型、规模大小、污染物排放量（实际排放量、允许排放量）等信息与拟进驻园区的园区性质、行业、环境质量状况和环境容量，分析拟建项目对园区环境承载力的影响、对区域环境质量的影响，以便确定建设项目在现有区域内是否符合生态环境规划，判定建设项目是否符合准入条件，对不符合准入要求的建设项目进行驳回或警示。系统支持智能审批结果的展示及打印等。

智能审批项目是否符合三线一单管控要求（也就是项目准入）需要满足：空间布局约束、污染排放管控、环境风险管控和资源开发效率管控。

图 10.16　智能审批

三、空间布局约束

系统根据维护生态环境功能的要求，将内蒙古自治区所有的环境准入负面清单，按照空间布局约束要求进行规范化和数据化处理，以不同属性、不同管控单元进行分类整合，促进落实环境管控单元管控要求，推进战略环评落地。

优先保护单元、重点保护单元、一般保护单元的空间布局约束主要包括以下内容：

1）优先保护单元：按照“禁止、限制、退出”三类属性，将优先保护单元的空间布局约束分为三类，分别为禁止开发建设活动要求、限制开发建设活动要求、不符合空间布局规范的退出要求，具体内容包括区域名称、区域编号、所属区县、管控要求等。

2）重点管控单元：将重点管控单元的空间布局约束，按照“限制、禁止”的属性分为禁止开发建设活动的要求、限制开发建设活动的要求两类，具体内容包括区域名称、区域编号、所属区县、管控要求等。

3）一般管控单元：一般管控单元的空间布局约束与重点管控单元空间约束分类相同，即按照“禁止、限制”两类属性，将一般管控单元的空间布局约束分为禁止开发建设活动要求、限制开发建设活动要求两类，具体内容包括区域名称、区域编号、所属区县、管控要求等。

四、环境风险管控

系统将全省的环境准入负面清单按照环境风险管控要求进行数据化和规范化处理，并将各类管控单元的要求按照水、大气、土壤、生态等环境要素进行分类整理，为区域环境风险管控提供政策支持，提升区域环境风险管控水平。水、大气、土壤、生态环境风险防控主要包括以下内容：

1）水环境风险管控：系统将水环境风险管控要求，按照水环境优先保护区、水环境重点管控区（工业污染重点管控区、城镇生活污染重点管控区、农业污染重点管控区）、水环境一般管控区进行整合，具体内容包括区域名称、区域编号、所属区县、管控要求等。

2）大气环境风险管控：系统按照大气环境优先保护区、重点管控区（大气环境布局敏感点管控区、大气环境弱扩散重点管控区、大气环境高排放重点管控区、大气环境受体敏感重点管控区）、一般管控区进行分类整合，具体内容包括区域名称、区域编号、所属区县、管控要求等。

3）土壤环境风险管控：系统按照土壤环境优先保护区（农用地优先保护区）、重点管控区（建设用地污染风险重点管控区、农业用地污染风险重点管控区）、一般管控区进行分类整合，具体内容包括区域名称、区域编号、所属区县、管控要求等。

4）生态环境风险管控：系统按照生态红线、一般生态空间、一般生态管控单元进行分类，具体内容包括区域名称、区域编号、所属区县、管控要求等。

五、资源开发效率

平台根据内蒙古自治区资源开发总量、强度和效率的要求，将全省的环境准入负面清单进行数据化和规范化处理，从水资源开发利用效率、土地资源利用率、能源利用效率等方面进行整合，使管理人员明确各地区、各类资源的开发利用要求，优化产业布局。

平台将资源开发效率按照水资源开发效率要求、土地资源开发效率要求、能源资源开发效率要求进行分类，具体包括以下内容：

1）水资源开发效率要求：包括自然资源重点管控区、一般管控区等管控单元的水资源开发效率要求，具体内容包括区域名称、区域编号、所属区县、管控要求等。

2）土地资源开发效率要求：包括土地资源重点管控区、自然资源重点管控区、一般管控区等管控单元的土地资源开发效率要求，具体内容包括区域名称、区域编号、所属区县、管控要求等。

3）能源资源开发效率要求：包括高污染燃料禁燃区、自然资源重点管控区、一般管控区等管控单元的能源资源开发效率要求，具体内容包括区域名称、区域编号、所属区县、管控要求等。

六、项目准入智能审批

平台提供智能匹配环境准入负面清单模型，当管理人员将建设项目、园区的基本信息录入系统时，系统综合利用区域“三线一单”成果数据，包括已有污染排放情况、负面清单数据、区域环境质量目标、区域资源利用上线、新建项目排污、资源利用等数据进行项目综合评估。系统运用多种算法智能匹配环境准入负面清单，并智能判断建设项目、园区是否符合环境准入负面清单的空间布局约束、污染物排放管控、环境风险管控、资源开发效率等方面的要求。判断结果将以不同颜色或高亮的形式展示，为管理人员进行科学决策提供支持，分析区域内是否可以引入该项目，以促进产业结构调整，推动环境保护精细化管理。

第五节　“三线一单”数据成果共享交换

数据成果共享交换系统包含数据交换子系统、数据处理子系统、文件传输子系统、接口管理子系统、数据桥接子系统等内容。

一、应用服务接口

根据实际业务应用的信息化建设情况，建设相应的应用服务接口，对其他系统提供各类辅助分析功能服务，与建设项目环评审批、综合协同管理平台等系统实现有机衔接。记录相关访问的来源、时间、涉及数据、涉及功能操作等信息，提供对这些信息的查询和统计功能，完善安全防护和权限管理措施。

平台可以支持多种服务类型，包括：

（1）地图服务

地图服务可以提供对电子地图的访问服务。创建地图服务之前，需要通过应用创建地图文档，指定矢量和栅格数据源，创建专题图，设置注记，然后通过桌面 GIS 软件或基于浏览器的 GIS Server 管理器发布为地图服务。发布的地图服务可以预先创建地图缓存以提高地图显示和访问效率。地图服务是最常见的 GIS 服务。

除了提供基本的地图浏览功能外，一些位于 GIS 功能服务层的服务也基于地图服务来实现，如地图查询服务、地图查找服务、地图编辑服务。

（2）OGC 标准服务

GIS 可以基于空间数据资源，发布基于 OGC 标准的服务，包括 WMS 服务、WFS 服务、WCS 服务等。

（3）KML 服务

KML 服务是 Google 可以使用的标准服务。在地理信息平台中，可以将地图数据和三维空间数据发布为 KML 服务，被其他的可视化应用所使用。

（4）地图图片服务

对平台的地图和影像数据服务，直接调用平台的图片服务接口，来提供服务。

地图图片服务是为了满足多用户并发时对地图服务的高性能需求而组织开发的综合数据服务接口，它作为其他空间信息服务的有益补充，是一种获取地理空间信息的快速解决方案。

（5）大数据快显服务

大数据快显服务是利用一些新技术来控制动态的可交互的地图展示方式，这种新技术可以让个人在移动端或者浏览器端自定义个性化的地图样式。人们可以动态的赋予基础底图样式以及通过可交互的工作数据来设计底图样式，根据内容进行智能制图和实时分析并展示在基础地图上。

大数据快显服务是利用协议缓冲（Protocol Buffers）技术的紧凑的二进制格式来传递信息，前端通过解析样式动态渲染矢量切片数据。

（6）功能服务

GIS 功能服务主要指可以实现某些 GIS 特定功能和分析的服务，GIS 功能服务需要依托于 GIS 可视化或数据服务来实现，或者在调用 GIS 功能服务时，需要同时调用 GIS 可视化或数据服务。

功能服务包括空间分析功能、地图查询服务、地图查找服务、地图编辑服务、空间数据抽取服务、空间数据复制服务、地理编码服务和 GIS 目录服务等。

(7) 二次开发接口服务

二次开发接口为其他系统在此平台上二次开发提供便利，同时也使得基于 GIS 的二次开发变得容易。GIS 二次开发接口包括基础地图、图层、控件、工具、绘图、图表等常用的相关接口组件，二次开发用户只需对输入和输出做出简单的规定即可完成相关开发工作。

二、与建设项目环评审批系统对接

为把“三线一单”成果数据应用到环评审批业务中，规范建设项目环评审批行政行为，提高行政办事效率，确保建设项目环境影响评价文件审批的高效化、规范化、制度化，平台通过接口实现与建设项目环评审批系统对接，汇集环评审批业务数据，结合“三线一单”成果数据和环境质量监测数据，基于平台梳理“三线一单”规则库、措施库和方案库，为开展“三线一单”数据在环评审批业务的应用提供数据支持。同时，平台按需提供“三线一单”成果数据、地图服务和建设项目环评审批应用功能服务，实现数据动态共享交换、信息协同，服务于建设项目环评审批业务。

三、与国家“三线一单”系统对接

该模块基于 B/S 架构，提供环评数据与生态环境部共享平台数据对接，提供接入接口注册、空间管控数据入库存储的功能。考虑到数据类型为矢量和栅格，利用空间地理数据库和 GIS 引擎的动态工作空间结合镶嵌数据集这两种方式进行数据入库。

(1) 接口注册

需要接入的数据接口必须由数据库系统管理员通过页面进行接口注册。数据注册是对接口的正确性进行校验，也是系统安全的保障，可以严格控制接口质量。

（2）解析数据包

数据包在数据源头应遵守数据接入规范的要求，进行数据包的组织和加密。因此，在拿到生态环境管控信息数据包后应先进行解密和解析工作，然后再进行下一步的操作。

（3）入库数据质检

质量检查功能主要是对初始入库前的数据做质量控制，包括对空间数据和矢量数据做入库前的质量检查，保证查询统计分析等结果与生态环境部环评中心的管控数据保持一致，实现规范的生态环境空间管控数据的精准管理。

（4）矢量数据入库

矢量数据来源主要为遥感解译结果和环境基础数据。数据规范应严格遵照生态环境部关于环境评价体系建设的相关标准规范。数据入库前选定一个合理的数据存储模型，使用与国家标准一致的核心数据模型：地理数据库（Geodatabase）。

Geodatabase 数据模型是建立在 DBMS 之上统一的、智能化的空间数据库。所谓“统一”，是因为 Geodatabase 定义了所有可以被使用的数据类型，这也是之前的格式所不具备的特点。所谓“智能化”，是指在 Geodatabase 模型中，引入了地理空间要素的行为、规则和拓扑关系，较之以往的模型更接近于人们对现实事物对象的认识和表述方式。

结合本项目的需求，考虑使用地理数据库进行矢量数据的管理，提供了操作地理数据的 API、适合 B/S 架构的模块/系统，也可在服务器后台使用 Geoprocessing 服务进行数据入库操作。具体选择哪种技术，会根据建设中的实际情况考虑。

（5）审批和验收指标数据入库

审批指标和验收指标为属性表数据，在矢量数据管理中提到 GeoDatabase 是建立在 DBMS 之上的空间数据库，因此空间数据库也支持非空间的属性表的存储和管理，这样就解决了接入的审批和验收指标数据的存储。

第十一章
“三线一单”数据应用案例

第一节　在重大规划编制中衔接落实

一、天津市工业布局规划（2020–2035年）与“三线一单”互动应用

1. 案例信息

案例名称：天津市工业布局规划（2020–2035年）与“三线一单”互动应用

应用领域：专项规划

应用层级：省级

应用地点：天津市

案例来源：天津市生态环境局

2. 基本情况

为贯彻落实京津冀协同发展战略，加快建设全国先进制造研发基地，实现高质量发展要求，2019年天津市全面启动《天津市工业布局

规划（2020-2035年）》（以下简称《规划》）编制工作。《规划》作为《天津市国土空间总体规划（2020-2035年）》专项规划之一，明确了天津市工业布局的总体定位，提出建成现代工业产业体系，成为引领京津冀、辐射全国、影响全球的先进制造研发基地的目标以及发展质量、用地效率、用地规模等指标；确立了“两带集聚，双城优化，智谷升级，组团联动”的市域产业空间结构，划定了重点发展区、优化提升区和减量调整区三类政策管控分区；明确了重点工业园区的主导产业，以及新一代信息技术、生物医药、新材料等八大重点产业的布局。由于历史发展原因，天津市的工业园区和工业集聚区存在功能重叠、布局散乱等问题。截至2017年底，全市共有314个工业园区(集聚区)，其中国家级10个、市级42个、区级93个、区级以下169个。2018年，天津市政府出台《天津市工业园区（集聚区）围城问题治理工作实施方案》，全市工业园区（集聚区）围城问题治理工作取得积极成效，但距离彻底解决尚有大量工作要作。另一方面，由于国土空间规划要求及上一版规划年限问题，全市的工业布局规划也需重新调整优化，故开展此次《规划》编制工作。

《规划》从天津市工业空间布局、区域主导产业、工业发展控制线、主题产业园区等方面，与“三线一单”环境管控单元、生态环境准入清单进行了详细对接，其中《规划》中的产业空间布局和工业发展控制线，与优先保护单元中的生态保护红线及能源、土地、水资源利用上线相结合，充分体现了生态优先、绿色发展的原则；主题产业园区与重点管控单元、大气和水环境管控要求相结合，突出污染物排放管控、环境风险防控的要求，进一步优化了产业布局和结构，促进了天津市经济社会高质量发展。

3. 应用路径及效果

（1）强化与生态空间范围相衔接，突出生态优先，促进工业布局优化调整。将“三线一单”优先保护单元作为工业布局的“红线”，统筹考虑产业发展定位、产业合理聚集、区域条件及分工等因素，重点对全市产业空间布局、工业发展控制线等进行分析论证。在《规划》中明确生态环境保护的重要性，确保城市生态廊道完整性，对占用生态空间的工业用地进行整体清退，推进全市产业向重点园区集聚、重点园区向主导产业集聚，加强与“三线一单”生态环境分区管控的协调性，严守生态保护红线，尽量减少对生态系统的影响，确保生态功能不降低。例如，由于天津市双城间绿色屏障区的建立，涉及约10km^2的区域、数十个工业聚集区需要调整其用地功能，腾退企业，保证区域生态功能的修复。

（2）强化与环境质量底线相衔接，突出污染防控，促进生态环境高水平保护。以工业园区为重点，分析评价园区主导产业、功能定位等与大气、水环境管控分区的符合性，以及与生态环境准入清单要求的协调性，结合规划环境影响评价，指导《规划》明确工业发展的限制性约束条件和指标，提出严格环境准入、强化污染防治、加强环境风险防范等措施，进一步削减污染物排放，减少工业发展对环境质量改善的影响。

（3）强化与资源利用上线相衔接，突出科学配置，促进土地等资源节约保护和集约利用。充分结合“三线一单”生态环境分区管控要求，对《规划》“探索土地管理新机制，创新节约集约用地型模式，推进存量工业用地的盘活再利用”的原则，以及资源管控和开发效率措施进行了仔细考量，特别是对产业园区资源能源控制指标进行认真分析。总体上，《规划》目标、空间布局等符合天津市中长期土地、水资源的目标水平。

4. 启示与建议

一是加强沟通协调。生态环境、《规划》编制管理部门要强化沟通，及时在政策要求、管理程序等方面进行深入对接，指导督促《规划》编制单位尽可能提前将“三线一单”生态环境分区管控要求与《规划》编制紧密结合、充分衔接，强化“三线一单”成果的支撑和指引作用，促进经济社会高质量发展。二是加强技术支撑。“三线一单”编制技术组要积极介入、主动配合，强化并保持与《规划》编制单位的对接，充分发挥技术优势，指导《规划》编制单位深入分析规划与“三线一单”的符合性、协调性，及时提出意见和建议，有效推动“三线一单”成果的落实落地。三是加强协调联动。强化与《规划》环评的衔接，在《规划》环评编制过程中，指导督促编制单位认真执行环评技术导则，将“三线一单”生态环境分区管控要求作为重要依据，聚焦环境质量改善，充分论证环境合理性；在审查过程中，加强对《规划》环评与“三线一单”生态环境分区管控要求的符合性分析，提出优化调整建议，切实发挥源头防控作用。

二、融合“三线一单”成果打造“美丽海湾”

1. 案例信息

案例名称：融合“三线一单”成果打造“美丽海湾”

应用领域：“美丽海湾”、“十四五”生态环境保护规划

应用层级：市级

应用地点：福建省福州市

2. 案例应用情况

（1）背景情况

福州，傍海而生，向海而兴。习总书记2021年3月在福州视察时指出“建设好管理好一座城市，要把菜篮子、人居环境、城市空间等工作放到重要位置切实抓好。福州是有福之州，生态条件得天独厚，希望继续把这座海滨之城、山水之城建设得更加美好，更好造福人民群众”。但近年来，随着罗源湾、福清湾、江阴工业区等沿海地区发展加快，重化工产业逐步向“南北两翼”转移和集聚，沿海地区生态、环境、资源压力持续增加。为改善沿海地区生态环境质量，福州市以建设国家生态文明建设示范市为目标，制定并实施《福州市“十四五”生态环境保护规划》（以下简称《规划》），在《规划》编制过程中充分衔接福州市“三线一单”成果，将贯彻陆海统筹、打造“美丽海湾”作为《规划》的重要组成内容，一方面，充分衔接福州市“三线一单”中近岸海域生态保护红线，明确守住红线、严格控制岸线资源开发强度、加强近岸海域水环境综合整治等要求；另一方面，以福州市“三线一单”中近岸海域的分区管控要求为基础，提出防治污染、严控入海污染物总量等具体措施。

（2）工作路径

衔接生态分区管控，优化岸线开发格局。福州“三湾一口六段（316）”是福建省社会发展的重点地区，也是经济社会发展与资源环境约束的矛盾较为突出的地区。根据福州市“三线一单”成果，福州市共划定近岸海域优先保护单元26个、重点管控单元46个、一般管控单元14个。《规划》编制过程中充分衔接“三线一单”环境管控分区划定成果及相关底线、上线要求，对福州市近岸海域“三湾一口六段（316）”的总体格局进行分区指导，不断优化调整近岸海域产业布局。如，对于纳入优先保护单元的闽江口、兴化湾、福清湾等典型生态岸线，《规划》提出严格保护，确保重要海洋生态系统和功能区面积不减少、自然岸线保有率不降低等目标；对于纳入重点管控单元的各港口航运区、用海区等，《规划》明确严格控制岸线资源开发强度、优化开发格局、合理布局各码头作业区功能、提高岸线利用率等要求。

基于环境质量底线，推进海域环境质量改善。福州市“三线一单”成果构建了直排海排污口、入海河流、海水养殖及沿岸面源等四类污染源排放清单，有效识别了海域环境质量改善关键制约因素：一是三大入海河流闽江、敖江、龙江及其携带沿岸的陆源污染物直接影响闽江口、敖江口（连江东部海域）、福清湾河口区水质；二是闽江口下游沿岸、福清湾沿岸、兴化湾北部等城镇农村生活污水直排问题突出，城市污水管网建设滞后，乡镇污水处理设施运行不稳定，农业农村面源污染严重。以此为基础，《规划》提出一系列针对性要求，多管齐下地改善海域环境质量。如，滨海新城在“三线一单”成果的基础上，深入开展沿海污染源和污染情况的调查，全方位的摸清了滨海新城的污染本底情况，系统梳理了滨海新城生态保护的相关路径，提出了海岸带修复与建设等工程，从源头减少陆源污染入河下海，实现陆海统筹。

3. 案例应用效果

《规划》中“美丽海湾”建设内容与“三线一单”成果相互依托，相辅相成。一方面，“三线一单”成果充分发挥了其优化布局、支撑精细化管理的重要作用，较好的支撑了《规划》分区格局确定、海湾开发和保护格局优化等规划任务的制定。另一方面，“三线一单”有效识别了海域环境质量改善关键制约因素，为《规划》中环境保护目标指标及重点工程项目谋划提供支撑，管控要求更加明确，促进《规划》目标的实现。

4. 案例应用启示

“三线一单”环境管控单元、岸线分类管控等成果可以有效指导《规划》制定差异化的空间布局优化任务，在确定水和近岸海域环境质量底线过程中，通过构建污染源清单、识别关键环境制约因素等工作，可以有力支撑《规划》提出针对性改善近岸海域环境质量的目标指标和规划措施。“三线一单”对推动“美丽海湾”建设、提高海洋生产力、恢复海洋活力、增加滨海城市的生态优势和战略价值、打造海洋生态安全新格局具有重要的意义，可为其他海洋相关规划的编制实施提供一定借鉴。

第二节 在产业布局优化和转型升级中应用落实

一、案例信息

案例名称：强化“三线一单”引领，助推热镀锌产业布局优化、集聚发展

应用领域：根据差异化生态环境空间管控，优化产业布局，促进产业高质量集聚发展

应用层级：市（区县）级

应用地点：青岛市即墨区

二、案例应用情况

1. 背景介绍

青岛市即墨区原为县级即墨市，2017 年，经国务院、山东省政府批复撤市设区，下辖 11 个街道、4 个镇和即墨蓝色新区、青岛蓝谷。即墨区现有热镀（浸）锌企业 24 家，分布在环秀、通济、北安、潮海、龙泉等街道和汽车工业园，产业布局较分散。企业虽取得了环评批复和验收意见，但因建设年代较早，部分生产工艺和设备老旧，环保设施、环保管理等受原有场地限制，无法进行现代高水平的升级换代，企业污染物排放勉强达到现行环保标准要求。此外，经过多年发展，部分企业周边增加了居民区等敏感目标，易引发居民投诉，成为环保督察关注重点。近年来，各级环保督察中均收到了居民关于热镀锌厂散发异味等问题的投诉，加快区域热镀锌产业优化布局、生产工艺设备和环保设施改造提升成为解决这一问题的关键。

山东省“三线一单”已纳入《山东省环境保护条例》《山东省加强污染源头防治推进“四减四增”三年行动方案（2018-2020 年）》等法规和政策。山东省 2020 年底前完成了省级“三线一单”成果发布，2021 年 6 月《青岛市“三线一单”生态环境分区管控方案》由青岛市人民政府发布实施。为切实改善即墨区热镀锌行业现状，推进产业集聚、行业提升，青岛市在生态环境准入清单编制阶段将各环境管控单元的主导行业进行了逐一梳理，为热镀锌行业产业布局优化奠定了坚实的基础。

2. 工作路径

（1）推动生态环境准入清单在热镀锌行业细化落地。青岛市“三线一单”在省级成果框架下，针对热镀锌行业存在的问题，将热镀锌行业的特色化生态环境管控要求细化落实到具体的环境管控单元，指导现有企业升级改造和新建企业选址准入，推动区域绿色高质量发展。在推动“三线一单”落地应用过程中，结合热镀锌环评审批试点工作和日常生态环境监管需求，即墨区制定《热镀（浸）锌建设项目环境影响评价文件审批原则》（以下简称《原则》），《原则》第三条明确“项目符合国家和地方的主体功能区规划、环境保护规划、产业发展规划、城市总体规划、土地利用规划、环境功能区划、‘三线一单’、生物多样性保护优先区域规划等的相关要求”，进一步推动了“三线一单”对项目环评的支撑。

（2）支撑热镀锌行业优化产业布局、提升治理能力。一是以环境管控单元指导热镀锌企业布局。对位于优先保护单元和周边环境较敏感的 8 家热镀（浸）锌企业，要求逐步搬迁进入产业园区或工业聚集区，实施生产工艺、设备和污染防治设施升级改造后做大做强，充分发挥规模效应；对新建项目根据环境管控单元要求严格环境准入，选址布局应位于产业园区并满足环境防护距离要求，从源头解决热镀锌行业异味扰民问题。二是以环境管控单元准入要求和排放标准倒逼热镀锌企业升级改造。对于污染物排放勉强达到管控要求的 8 家企业应尽快就地升级改造，升级改造后的热镀锌企业应采用资源利用效率高、污染物产生量小的清洁生产技术、工艺和设备，原材料指标及单位产品的物耗、能耗、水耗、资源综合利用和污染物产生量等指标达到国内清洁生产先进水平。三是建立生态环境准入清单与排污许可联动机制。对于企业污染物排放达不到管控条件且规模较小的 8 家热镀（浸）锌企业要求逐步退出，按照相关行业标准转产为符合环境管控单元准入要求的低污染低风险行业，并以排污许可证倒逼企业加快转产升级。

三、案例应用效果

“三线一单”成果对即墨区热镀锌产业布局、集聚发展的成功引领，对促进即墨区热镀（浸）锌行业规范发展，提升行业建设、管理和运行水平具有重要意义，获得了即墨区政府的高度认可。同时，以“三线一单”生态环境分区管控为抓手，为青岛市其他区域产业布局优化、集聚发展和转型升级的有效路径进行了积极探索，为后续推进相关产业园区规划环评工作，进一步加强“三线一单”对园区规划环评指导，促进规划环评与项目环评联动打下良好基础。

四、案例应用启示

青岛市即墨区将“三线一单”成果作为优化热镀锌产业布局、引导热镀锌产业准入和集聚入园发展的重要依据，在编制阶段就提前谋划，对辖区内 24 家热镀（浸）锌企业进行分类分区研究制定生态环境准入要求，为产业高质量发展提供了硬约束和强引导。下一步，青岛市将在全市积极推广即墨区热镀锌产业优化试点经验，通过“三线一单”–规划环评–项目环评–排污许可–执法监管的全链条管控，推进青岛市塑料与橡胶制品、家电电子、装备制造等传统行业集聚发展，优化产业布局，全面引导产业高质量集聚发展和生态环境高水平保护。

第三节　在区域生态空间保护中应用落实

一、案例信息

案例名称：“三线一单”支撑第九师一六五团“绿水青山就是金

山银山”实践创新基地建设

应用领域：“绿水青山就是金山银山”实践创新基地建设

应用层级：团级

应用地点：兵团第九师一六五团

二、案例应用情况

1. 情况介绍

新疆生产建设兵团第九师一六五团位于新疆维吾尔自治区塔城地区额敏县东北部，东与和丰县接壤，南与额敏县为邻，西与一六八团毗邻，北与哈萨克斯坦交界，总面积 938.76 平方公里。作为典型的山区牧场，林草资源丰富，生态环境本底良好，畜牧业发达，拥有农产品地理标志“达因苏牛肉”。同时，该地水系丰富，是国际河流额敏河的源头区域。但早年农牧业粗放发展，造成区域部分草场退化，生态空间侵占，进一步导致区域水源涵养功能下降、水土流失加剧，对额敏河水环境质量维护和雨季洪峰调控造成了威胁。2020 年以来，一六五团启动“两山”创建工作，以“三线一单”成果为指引，以管控分区为空间基础，落实分区管控要求，开展山水林田湖草系统治理、生态保护修复、环境污染治理、生态旅游、生态农业、生态加工业等各具特色的“两山”实践活动，为一六五团生态服务功能持续提升、环境质量稳定优良、经济高质量发展奠定了基础。在守护好绿水青山的同时，明确了一条符合一六五团特点、统筹好保护与发展关系的具体路径，为创建“两山”基地、实现兴边富民、展现兵团“生态卫士”的风采与担当提供了重要支撑。

2. 工作路径

总体思路为“三线”来把脉、“一单”开药方、“两山”抓实践，具体工作路径为“三线一单”划定区域开发保护空间格局，识别区域生态环境问题，进一步明确产业发展方向、环境保护策略，强化政策引领，“两山”来具体落实不同生态环境分区内的保护、开发等差异化实践活动，“两山”创建与“三线一单”深度融合、共促共治。

（1）划定生态环境空间管控分区，建立“两山”创建的开发保护格局。将优先保护单元作为“两山”创建的维护保护空间，将重点管控单元作为“两山”创建的开发改善空间，多措并举巩固提升“两山”创建的空间格局。考虑到一六五团林草地面积占到全团辖区面积的94%，生态资源丰富，水源涵养功能重要，通过开展系统评估，将林草资源集中区、水源涵养功能极重要区和重要区纳入优先保护单元进行管控，占全团面积的94.65%。单元内强化生态环境保护，开展山水林田湖草系统治理，强化水源涵养功能维护，累计完成人工造林56.7公顷、补植补造1757.5公顷，从放养模式向圈养模式转变，落实“下山入圈”，建设“私建公助”养殖圈舍52栋，持续推进“退牧还草”“以草定牧”，实现了草畜平衡。将团部畜牧业布局强度较大的区域作为重点管控单元进行管控，占全团面积的2.87%，单元内加强污染物排放管控，切实推动生态环境质量持续改善。建立“连收集、团转运、集中处理”的垃圾处理模式，确保连队环境卫生干净整洁；推进种养结合，提高农业生产废弃物资源利用率，将连队耕地每年所产生的秸秆约3.4万吨作为喂养牲畜的饲草，每年约1.2万吨牲畜粪便用于改良耕地的土质；实施团部污水处理厂提标改造，处理规模扩大至1000立方米/天，出水标准提升至《城镇污水处理厂污染物排放标准》（GB18918-2002）一级A，完成全部8个连队生活污水治理。

（2）强化“三线一单”生态空间维护，夯实“两山”创建生态基础。以“三线一单”划定的生态空间为重点，针对识别出的突出生态问题，结合“三线一单”提出的管控措施，细化落实规划方案，推动一六五团生态保护修复。在“两山”规划编制中，落实草原生态修复、转场轮牧、退化林修复、封山育林工程、森林草原火灾重点火险区综合治理等管控措施，发展绿色畜牧业，实现草畜平衡，规划了万亩景观生态林、万亩生态橡树林、5000亩高寒山区经济林和5000亩“西域绿都”生态观赏林的“三北防护林”及G219国道165团段的生态防护林等工程，并推动半舍饲圈养，积极破解优势产业与生态保护之间的冲突。在生态保护修复的同时，鼓励大力发展林下经济种植，间作种植食用菌，有效利用林下闲置土地，进一步让绿水青山真正成为了富民惠民的金山银山。通过大力推动生态保护修复，完善生态经济发展模式，建立健全长效保护机制，一六五团生态服务功能得到不断提升，真正做到富民兴边、集聚人口，履行抵边团场职责与使命。

（3）明确生态环境质量目标，守住一六五团绿水青山。以“三线一单”确定的环境质量目标为重要依据，明确一六五团“两山”基地建设目标，制定配套环境保护措施，确保区域生态环境质量目标按期达标。为开展“两山”基地建设，一六五团提出区域环境质量目标要求，即环境空气质量优良天数达到96%以上，集中式饮用水水源地水质达标率100%，地表水水质达到或优于Ⅲ类水的比例大于100%。并结合划定的环境管控单元，分区落实环境治理措施。在优先保护单元，落实生态保护修复、畜牧发展要求，依托生态修复工程，开展山水林田湖草系统治理，有效降低水土流失、减少畜牧业面源污染，确保额敏河国控断面水质稳定达标。在重点管控单元，考虑到一六五团第一、三产业产值占一六五团总产值的95%以上，以第一、三产业为重点开展环境治理工作，推动城镇和农业污染治理及基础设施建设要求。在配套工程上，集中推进区域高标准农田建设工程、农膜回收和综合利用工程、畜牧小区和重点养殖场配套设施建设工程、城镇环境基础设施完善工程、老水磨河等重点水系治理工程等，持续解决农业面源污染和城镇生活污染问题，维护区域大气和水环境质量，确保环境质量目标稳定可达。

（4）强化“三线一单”分区管控，实施多样化“两山”转化模式。落实“三线一单”对不同区域发展的特色引领，鼓励区域转变发展思路，加快完成从“靠山吃山”到“绿水青山”的跨越。在优先保护单元适度发展生态旅游产业。依托巴依木扎国家4A级景区为首的多个景区，推动在保护中开发建设，随着生态环境的逐步改善，旅游产业已初具规模，并先后获得国家全域旅游示范区创建单位、兵团特色旅游名团、中国美丽休闲乡村、中国少数民族特色村寨等多项荣誉。在重点管控单元大力发展绿色有机种植业、畜牧业，促进生态农业与生态旅游相结合。引进了红芍药和黑加仑等进行培育种植，暮春初夏，芍药竞相绽放，灿烂如云霞，美不胜收，黑加仑种植加工形成自主品牌“维帝”黑加仑果饮。通过红芍药和黑加仑等作物的成功种植，促进了生态农业和生态旅游业相融合，形成做大一产、发展三产、带动二产的新格局，不但产生了经济价值还吸引了周边游客前来观赏，为边境“生态卫士”注入新的活力，为建立区域绿水青山转化为金山银山提供了有效途径。

三、案例应用效果

一六五团以“三线一单”生态环境分区管控为基础，积极开展生态保护修复，大力发展生态经济，探索建立绿水青山就是金山银山转化有效路径。一是通过充分衔接，第九师“三线一单”成果有效支撑了一六五团绿水青山就是金山银山实践创新基地创建规划编制及实施。二是坚持“三线一单”划定的开发保护格局，为开展山水林田湖草系统治理提供了指引，有效维护了区域良好的生态基底，履行了“生态卫士”职责与使命。三是以重点管控单元为核心开展污染治理，实现科学治污、精准治污，确保区域环境质量目标稳定实现。四是对于不同分区，灵活科学运用“三线一单”的引领和约束作用，强化正面引导，大力发展生态经济，同步推进生态保护、经济发展和民生改善，走出一条一六五团特色的绿色发展之路。

四、案例应用的启示

“三线一单”生态环境分区管控体系明确了各环境管控单元的产业准入和生态环境治理要求，是区域发展与保护的重要指引，是提高环境保护管理水平的重要手段和基础支撑之一。在第九师一六五团绿水青山就是金山银山实践创新基地创建过程中，“三线一单”对规划编制和实施起到了全面指引作用，在“三线一单”分区管控体系下，开展山水林田湖草系统治理，维护生态空间，大力发展生态经济，形成以生态农业、生态旅游业为主的产业结构，构建了一六五团生态产业发展格局，指明了实现发展和保护协同共生的新路径：既要金山银山也要绿水青山。在下一步工作中，建议进一步强化“三线一单”引导和约束作用，全面支撑环境质量达标规划、生态文明建设规划、“两山”规划、产业发展规划等相关规划、政策的制定，严格落实分区管控要求，系统开展生态保护修复和环境治理，促进生态环境持续改善。

第四节 在生态环境管理和环评领域中应用落实

一、青海省加强“三线一单”多路径应用推进建设项目环评精细化管理

1. 基本信息

应用领域：建设项目环境影响评价

应用层级：省、市州级

应用地点：青海省

2. 案例应用情况

（1）应用背景

2020年10月，青海省“三线一单”成果通过省政府常务会和省委常委会审议，省政府印发了《关于实施“三线一单”生态环境分区管控的通知》。结合省情实际，各市州完成了行政区域内“三线一单”生态环境准入清单的发布实施。结合青海省“筑牢国家生态安全屏障”“保护好中华水塔”的战略定位，按照全覆盖、差别化生态环境分区管控要求，全省将超过69%的国土面积划为优先保护单元，构建了具有青海特色的“三线一单”制度体系。为推动青海省“三线一单”落地应用，青海省生态环境厅通过搭建全省“三线一单”系统平台，探索“三线一单”在建设项目环境影响评价中的多路径应用，以“三线一单”促进项目环评工作效能提升、环境准入要求落实、精细化管理有效实施，发挥好“三线一单”支撑全省绿色发展和高质量发展的作用。

（2）工作路径及操作方法

1）积极发挥“三线一单”预评估作用。在建设项目环评文件编制初期，审批人员提前介入，组织建设单位、环评机构召开项目环评审批对接会，运用“三线一单”数据平台查询项目所处环境管控单元，明确“三线一单”生态环境分区管控及准入清单要求，针对项目选址、规模、性质、生产工艺及产污节点、排污去向等方面，分析项目与“三线一单”的相符性，并将结果快速告知建设单位。通过对拟建项目进行可行性、合理性预判以及全程跟踪服务，可减少建设单位、环评机构在项目环评文件编制过程中多方联系、四处收集资料的时间，同时也使建设单位知晓自身需遵守的环保管理要求和达到的目标底线，少走弯路。如西宁市甘河工业园区年产 100GW 光伏配套复合材料项目，在环评文件编制初期，审批人员提前介入，结合西宁市“三线一单”生态环境管控要求及准入清单，告知建设单位“三线一单”的管控要求、项目应执行的标准和环评审批流程，明确建设单位、环评机构、园区管委会各自的责任分工和需提供的支撑材料，提高了生态环境部门的服务水平和项目的审批时效。

2）深度开展“三线一单”符合性分析。在建设项目环评中，通过比对查询“三线一单”数据成果，明确建设项目与“三线一单”中生态空间以及大气、水、土壤、水资源、土地资源管控分区的位置关系，明确各类生态环境要素管控要求，从空间布局约束、污染物排放管控、环境风险防控、资源开发利用效率要求四个维度对项目“三线一单”符合性、环境可行性进行深入分析，提升“三线一单”应用实效，为区域高水平保护提供绿色标尺。今年以来，在省级审批的 50 余个建设项目环评中，对不涉及生态保护红线、大气环境优先保护区、水环境优先保护区、永久基本农田保护区、水资源优先保护区的建设项目，开辟绿色通道，简化环评审批手续，即时完成环评办理；对生态环境区位较为敏感的建设项目，深度开展“三线一单”符合性分析，包括产业政策及规划符合性、选址合理性、工艺设施先进性、环保措施完备性、环境影响可接受性及环境风险可控性分析，严格生态环境保护措施要求；对拟建项目所在环境管控单元生态环境准入清单中明确提出“禁止新建、扩建高耗能、高污染的工业项目”“禁止建设水资源消耗量较大，水污染较重的项目”“有关行业执行污染物特别排放限值”等要求的，严格落实“三线一单”要求。如海西州青海徕硕工贸有限公司综合利用4万吨氯化钙项目，所在“三线一单”环境管控单元生态环境准入清单中提出了“新建、改扩建火电、水泥、有色、化工等重点行业及燃煤锅炉项目执行大气污染物特别排放限值”的要求。按照上述要求，省厅在审批时，严格要求项目执行《无机化学工业污染物排放标准》《锅炉大气污染物排放标准》特别排放限值要求，有力指导项目从严落实生态环境保护要求。

3. 案例应用效果及启示

青海省将“三线一单”作为生态文明制度改革的一项新举措，推动工作走深走实。在项目环评应用中，“三线一单”发挥了顶层引领的重要作用，使项目环评过程中重点关注的生态环境政策、生态环境敏感目标、环境准入要求、生态环境保护措施等一目了然，节省了环评文件编制中搜集各类生态环境基础资料的时间，大幅提升技术评估和环评审批进度、提高审批效率和环评文件编制质量，有利于推动建设项目生态环境保护措施的精准落实，也有利于项目尽快落地实施。

“三线一单”难在编、重在用，为保障“三线一单”成果的全面落地实施，应着力加大“三线一单”与规划和项目环评制度的互融互通，以“三线一单”推进规划和项目的精准环评，以规划和项目环评推进“三线一单”的持续完善，形成制度互融互动的良好工作体系和机制，为高水平开展生态环境源头保护提供保障。

二、“三线一单”成果应用于高速公路网规划环评，助推安徽省高速公路绿色发展

1. 案例名称

案例名称：“三线一单”成果应用于高速公路网规划环评，助推安徽省高速公路绿色发展

应用领域：高速公路网规划环评

应用层级：省级

应用地点：安徽省

2. 案例应用情况

（1）情况介绍

高速公路网规划作为我国公路建设科学管理决策系统的重要环节，是有序推进建设项目的主要依据，也是确保公路建设布局合理、规划科学、环境协调的重要手段。至2020年底，安徽省高速公路通车里程4904公里，基本形成横贯东西、直通南北的高速公路网络，有力地支撑了全省经济社会发展。基于高速路网在县域覆盖、周边省份联通、主通道服务功能尚有待提升的现状，安徽省交通运输厅围绕交通强国建设、长三角区域一体化发展、中部地区加快崛起等战略部署要求，编制了《安徽省高速公路网规划修编（2020－2035）》，

提出规划新增高速公路31段、远景规划高速公路4段，里程总计2220公里。《安徽省高速公路网规划修编（2020-2035）》及规划环评工作于2020年4月同步启动，“三线一单”成果是重要支撑，专家审查后的成果作为工作底图，应用于初步规划放线。“三线一单”成果正式发布后，将规划路网的规模、布局与成果进一步衔接，在识别高速公路网规划实施生态环境影响的基础上，利用“三线一单”成果合理避让环境敏感区和生态脆弱区，科学统筹通道资源。安徽省生态环境厅于2020年9月组织《安徽省高速公路网规划修编（2020-2035年）环境影响报告书》专家审查，会后规划及规划环评编制单位积极采纳专家意见、落实相关部门要求，着重对涉及优先保护单元的路网规模、布局进一步优化。该规划于2021年4月获安徽省人民政府批复。本次高速公路网规划修编通过规划环评，将环境管控要求落实到具体空间，延长环境准入制度链条，实现“三线一单”在高速公路网规划环评中落地应用。

（2）工作路径

规划编制部门在明确规划规模、布局需求，形成《安徽省高速公路网规划修编（2020-2035）》初稿后，利用“三线一单”成果，将规划路网与生态保护红线和环境管控单元进行位置关系比对，进而分析其在选址、布局、污染物排放和生态影响方面的环境合理性，提出路线方案优化和污染防治要求。

规划及规划环评编制单位提供规划高速公路网布局选址及初步的环境影响识别等信息。

将规划高速公路网布局与“三线一单”成果中生态保护红线和环境管控单元进行叠图判识，结合生态环境准入清单逐条梳理规划路网中各路段环境制约因素，联动相关部门、组织专家研讨规划路线的环境可行性。

研讨结论反馈至规划及规划环评编制单位，充分考虑规划路网与生态环境敏感区域的冲突，优先避让生态保护红线和优先保护单元等。

对于无法完全避绕优先保护单元的规划路线，规划环评提出基于生态环境准入清单的污染物排放管控、环境风险防控等要求。

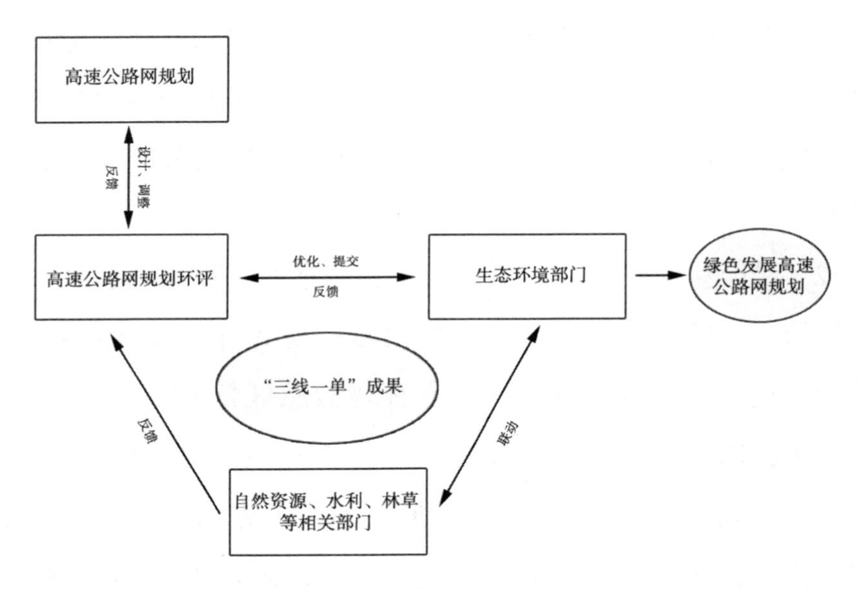

图 11.1 "三线一单"成果应用于高速公路网规划工作流程示意图

3. 案例应用效果

(1) 利用"三线一单"成果，优化高速路网规划布局。初始规划路网中约 91.24 公里位于安徽省生态保护红线范围内，约占规划高速总里程的 4.14%；385.03 公里位于优先保护单元内，约占规划高速总里程的 17.47%。在"优先避让生态保护红线、优先保护单元"的原则下，规划编制单位对规划总体路线进行调整。通过优化规划路线走向、调整部分路段起终点后，规划路网中约 80.69 公里位于安徽省生态保护红线范围内，约占规划高速总里程的3.63%；371.26公里位于优先保护单元，约占规划高速总里程的16.69%。其中，重点关注自然保护区、森林公园等重要敏感区域。初始规划路网涉及自然保护区5处，路网长度13.1公里，优化后规划路网涉及自然保护区2处，路网长度6.41公里；初始规划路网涉及森林公园4处，路网长度6.69公里，优化后规划路网涉及森林公园2处，路网长度4.82公里；初始规划路网涉及水产种质资源保护区5处，路网长度2.02公里，优化后规划路网涉及水产种质资源保护区3处，路网长度0.36公里；初始规划路网涉及风景名胜区3处，路网长度14.58公里，优化后规划路网涉及风景名胜区2处，路网长度12.18公里。

（2）结合生态环境准入清单要求，调整规划单条高速局部路段。梳理初始规划路网中涉及生态保护红线、优先保护单元的路段，在此基础上进一步识别区内涉及生态环境敏感区情况。结合生态环境准入清单，以及所涉及生态环境敏感区管理规定，对局部规划路段进行优化。规划南京-宣城高速二通道涉及马鞍山市优先保护单元，经进一步核查，初始规划路线涉及安徽当涂石臼湖省级自然保护区缓冲区与实验区，对照《自然保护区条例》管理规定，需优化路线方案。规划路线调整后，避绕了自然保护区，最终规划路线不涉及自然保护区。规划铜陵-商城高速铜陵支线涉及铜陵市优先保护单元，经进一步核查，初始规划路线涉及铜陵淡水豚国家级自然保护区缓冲区，对照《自然保护区条例》管理规定，需优化路线方案。受重要跨江通道选址位置限制，无法完全避绕自然保护区，路线优化过程中对缓冲区和核心区进行避绕，最终规划路线仅涉及自然自保护区实验区。

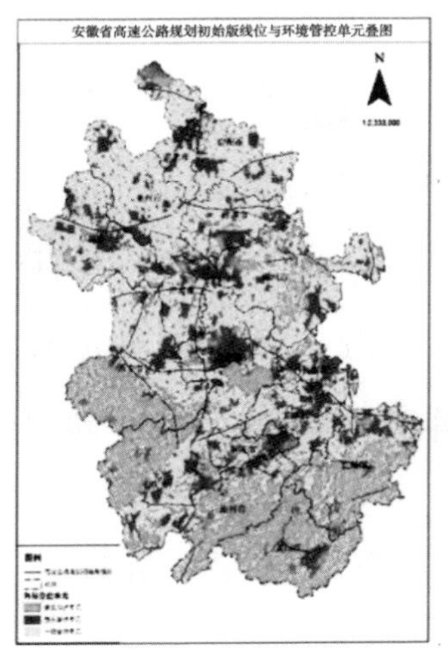

安徽省高速公路网规划初始版线位与环境管控单元叠图

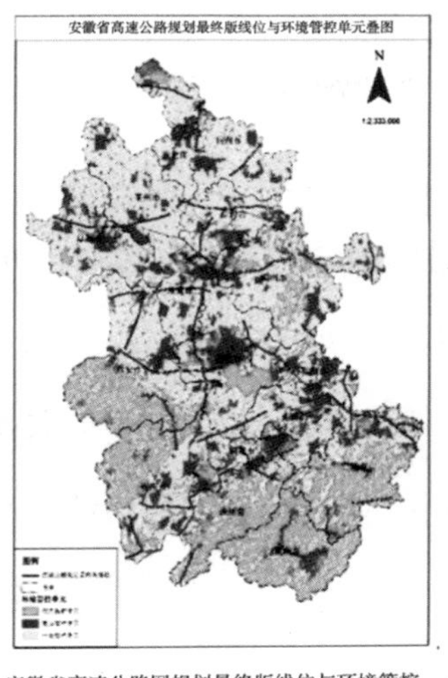

安徽省高速公路网规划最终版线位与环境管控单元叠图

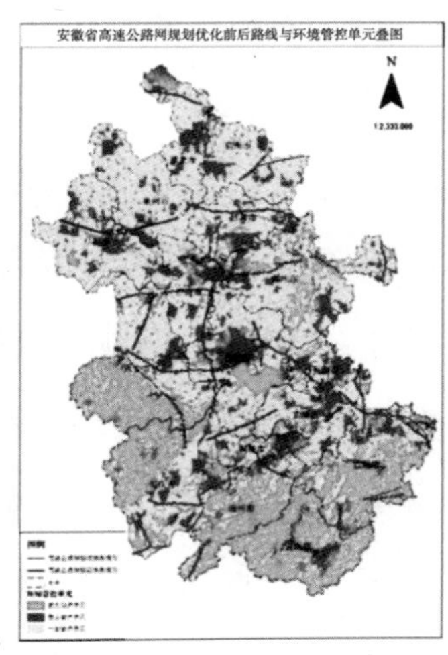

安徽省高速公路网规划优化前后路线与环境管控单元叠图

图 11.2 《安徽省高速公路网规划修编（2020–2035）》结合“三线一单”成果总体布局优化情况

（3）基于生态环境准入清单，提出规划路网环境保护对策措施。对于本次高速公路网规划中有部分路段受规划起终点、管控单元空间分布限制，无法通过优化完全避绕优先保护单元的情况，在规划环评中提出了基于生态环境准入清单的环境保护对策。如：规划旌德–绩溪高速选线结合“三线一单”成果应用，优化路线避绕徽水河特有鱼类国家级水产种质资源保护区核心区，但由于保护区涵盖徽水河干流及多条支流，无法避免穿越实验区。规划环评依据生态环境准入清单中水产种质资源保护区管理规定，提出“编制建设项目对水产种质资源保护区的影响专题论证报告，并将其纳入环境影响评价报告书；保护区水体采取‘一跨而过、无水中桥墩’的桥梁跨越或隧道地下形式穿越；禁止在水产种质资源保护区内新建排污口；开展施工期水生生态监测”等环境保护措施。

4. 案例应用的启示

高速公路工程规模大、建设工期长，规划和建设须严格落实各项环境保护制度和措施。在省级党委和政府领导下，交通、林业、自然资源及生态环境部门协同联动，综合利用“三线一单”成果指导高速公路网规划编制，可以实现统筹通道资源，最大限度避让生态环境敏感区，把多维度的环境管控要求落实到具体空间，同时向决策源头延长环境准入管理。2020 年以来，安徽省在每一次规划环评审查过程中，均特邀一名“三线一单”专家参与，积极运用“三线一单”成果，充分发挥“三线一单”在空间布局优化中的源头预防作用。随着下一步“三线一单”更新调整机制的建立完善，“三线一单”生态环境分区管控体系可依据最新的政策要求和区域环境现状对工程建设、运营提出相应的环境管理要求，更好的指导高速公路建设项目环评，促进高水平保护，保障交通运输业绿色发展。

第五节 “三线一单”数据应用系统

一、利用“三线一单”数据平台实现审批决策智能化，助推山东省生态环境分区管控落地

1. 案例名称

案例名称：利用“三线一单”数据平台实现审批决策智能化，助推山东省生态环境分区管控落地

应用领域：建设项目空间管控及环境准入

应用层级：省级

应用地点：山东省

2. 案例应用情况

为加快“三线一单”成果落地应用，提升生态环境保护工作系统化、科学化、精细化管理水平，2019 年底至 2021 年 6 月，山东省根据国家有关要求建设了省、市、县三级生态环境部门共同使用的“三线一单”成果应用数据平台，形成一套覆盖全省的生态环境分区管控体系，明确一套以“三线”为基础的生态环境管控要求，建设一套衔接共享的信息管理系统。打造整体协同、内外协作、高效运行的数字监管平台，实现了对全省“三线一单”成果数据的集中管理、查询、展示、统计、共享交换及研判应用等功能，促进生态环境监管数字化转型，推进环境管理决策智能化，进一步提升生态环境治理能力现代化水平。

3. 案例应用效果

山东省“三线一单”数据平台对各类环境成果数据进行多元化、图形化、直观化的统计展示。系统可切换展示全省环境管控单元、生态空间分区、水环境管控分区、大气环境管控分区、自然资源管控分区、岸线管控分区等成果矢量数据及专题图。点击具体单元，可查看名称、编码、面积、所在市县等基本信息以及详细的管控要求，还可切换展示全省大气环境质量底线、水环境质量底线、近岸海域环境质量底线等支撑矢量数据。系统自验收运行以来主要开展了以下工作：

（1）项目选址可行性的智能研判。系统以“三线一单”成果为核心，可实现智能分析功能。从生态保护红线冲突分析、区域环境容量分析、区域环境质量分析、相关环境管控单元要求符合性4个方面，研判项目是否满足“三线一单”要求，为环评审批提供决策依据，从源头防控环境影响，促进“三线一单”成果落地应用。截至目前，系统已对省级审批的40个点状及线性工程项目（含4个“两高”项目，主要为热电等）进行了智能研判，为审批决策提供了依据。其中，系统对10余个项目的选址选线进行了优化，有效避让了环境敏感区和脆弱区，减少涉及生态保护红线项目的压占情况，减缓生态环境影响：重点分析“两高”项目与其所在环境管控单元的环境质量底线、环境容量等要求的符合性，减小对环境管控单元的生态环境影响。以山东钢铁集团矿业有限公司彭集铁矿采选工程（点状工程）为例，将该工程四至坐标输入系统，启用智能研判功能得出项目与东平湖水源涵养生态保护红线区、东平东部丘陵生物多样性维护生态保护红线区均不压占，系统给出选址合理的结论。另外，对线性工程烟台港西港区LNG长输管道工程（557km）、董家口至东营原油管道工程变更（364km）、济南绕城高速公路二环线北环段项目（67km）的选址符合性进行了智能研判，将线路走向坐标信息输入平台，通过生态保护红线冲突分析可以迅速筛查出线路布设与各类敏感保护目标的相对位置关系，大大节省了时间，方便快捷地复核了环评报告选线的合理性与合规性。

（2）“两高”项目总量替代情况的查询。系统收录了“十三五”以来省批项目的污染物总量替代信息，支持单个录入、批量导入项目污染物总量替代信息，也支持查询项目污染物总量替代信息，可按地区、年份对污染物总量替代信息进行统计。为配合全省“两高”项目生态环境源头防控排查整改工作，2021年7月，通过系统对全省“十三五”省批的煤电、钢铁、电解铝等“两高”项目62项的大气污染物排放总量替代源进行梳理，分别查询了项目二氧化硫、氮氧化物、颗粒物、VOCs等主要污染物的排放量以及替代源各污染物的替代量、替代系数等，分析了项目与其所在环境管控单元的环境准入要求，比对了项目与所在环境管控单元环境容量的符合性，为“两高”项目排查提供了参考。

（3）省级工业园区规划环评及跟踪评价校核。系统已录入省市县工业园区223个，可支持工业园区四至范围、所在区域、环境容量等信息查询，展示园区内建设项目数量统计以及项目相关信息，实现现有工业园区信息动态更新维护。目前，生态环境部门已利用系统对正在审查、论证的多家经济开发区的规划环评及跟踪评价涉及到的园区四至范围、环境容量进行了校核，并根据所在环境管控单元的分区管控要求对规划产业准入、空间布局优化及环境减缓措施提出了指导性建议。

（4）实现与省生态环境大数据平台互联互通。系统纳入省生态环境大数据平台进行统一管理，实现与大数据平台内其他系统的数据共享。依托省生态环境大数据平台数据共享库全面接入环境空气质量、地表水环境质量、工业污染源废水（气）排污3大类、10余种监测因子的实时、历史（包括日均值、月均值等）监测数据，使用户能够直观、快速了解项目建设区域环境质量现状及污染源分布情况，为项目审批、技术评估提供背景资料。同时，利用大数据、GIS等技术，与“三线一单”成果数据进行相关联展示，打破信息孤岛，加快推进生态环境数字化应用进程。

4. 案例应用启示

山东省“三线一单”数据平台切实推进了环评审批决策智能化转型及生态环境分区管控落地进程。一是实现从静态信息管理向动态、综合业务监管转变，促进生态环境监管数字化转型，推进环境管理决策智能化。二是发挥“三线一单”生态环境分区管控源头预防作用，将管控要求贯穿规划环评、项目环评、排污许可和事中事后监管全过程。三是服务环境管理助力精准治污，服务生态保护红线监管、流域和海洋生态保护、大气污染防治、土壤污染防治与监督等工作。四是服务空间规划形成制度合力，落实空间布局约束、污染物排放管控、环境风险防控、资源开发效率等空间管控要求，从单一监管向空间管控转变。

图 11.3　建设项目智能研判——彭集铁矿采选工程与生态保护红线位置关系图

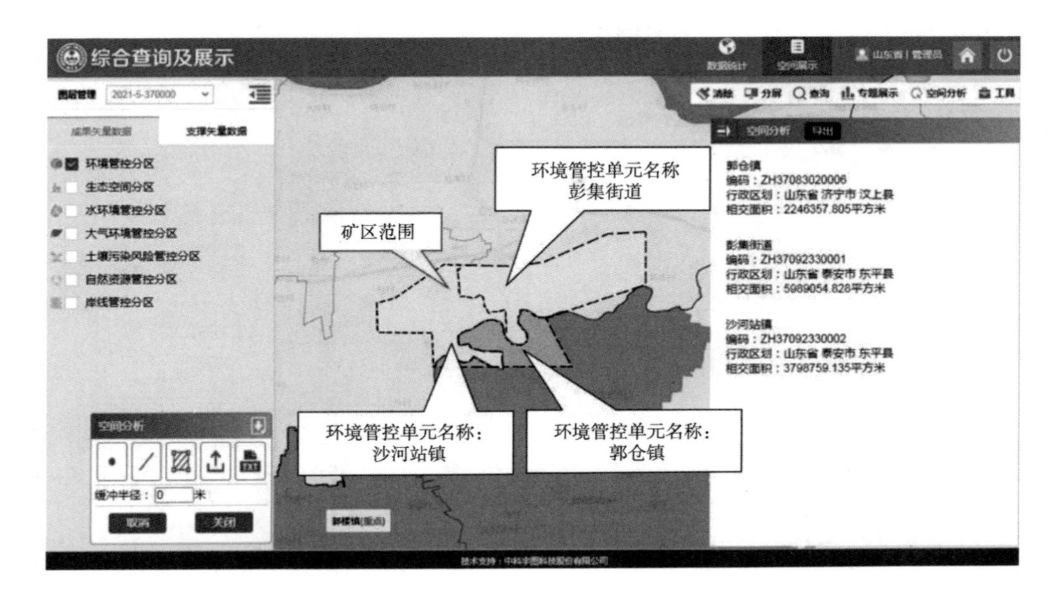

图 11.4 建设项目智能研判——彭集铁矿采选工程与环境管控单元位置关系图

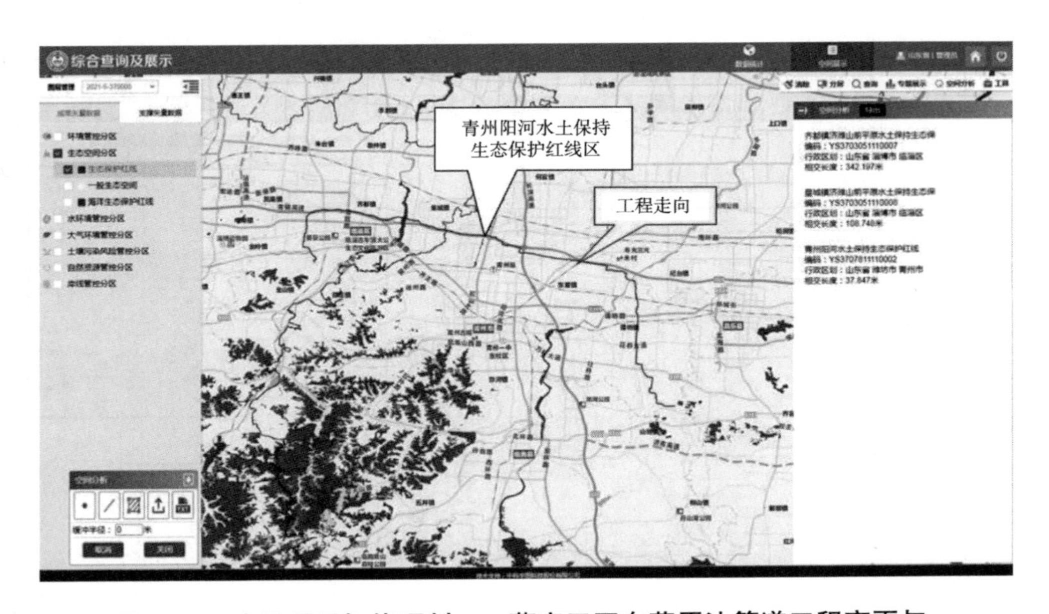

图 11.5 建设项目智能研判——董家口至东营原油管道工程变更与生态保护红线位置关系图

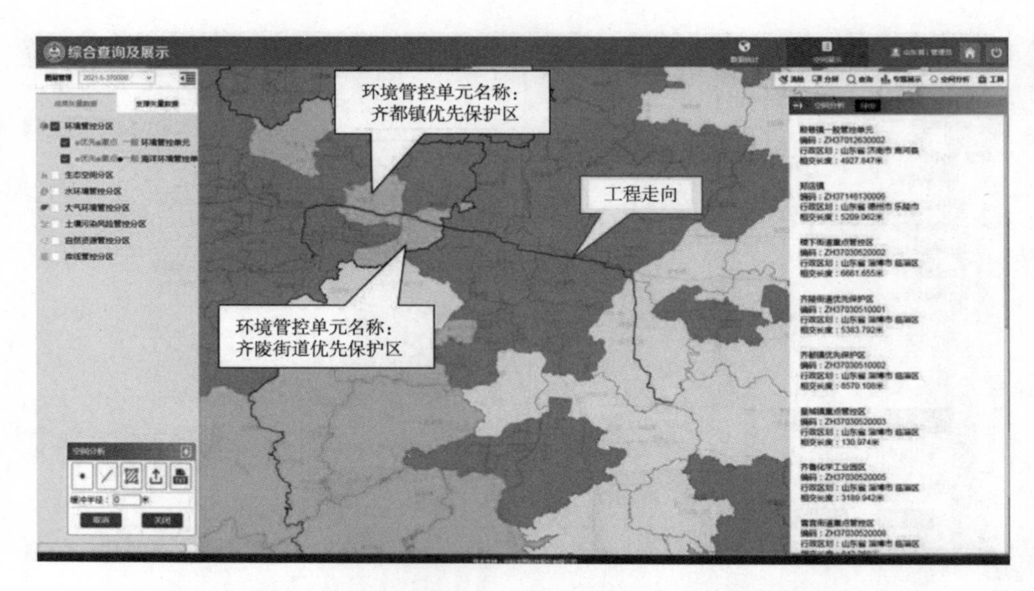

图 11.6 建设项目智能研判——董家口至东营原油管道工程变更与环境管控单元位置关系图

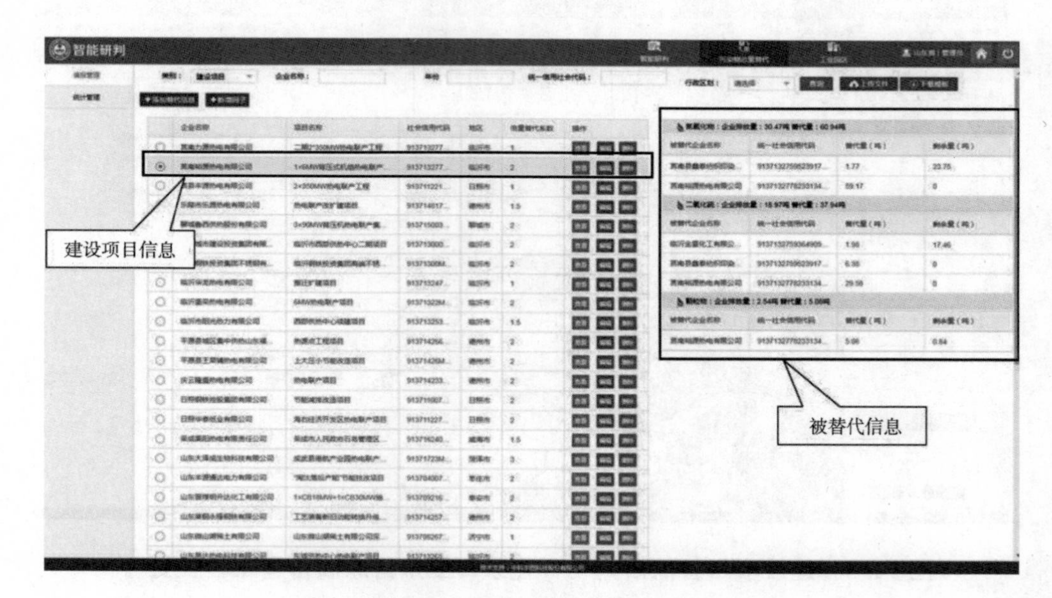

图 11.7 污染物总量替代信息展示图

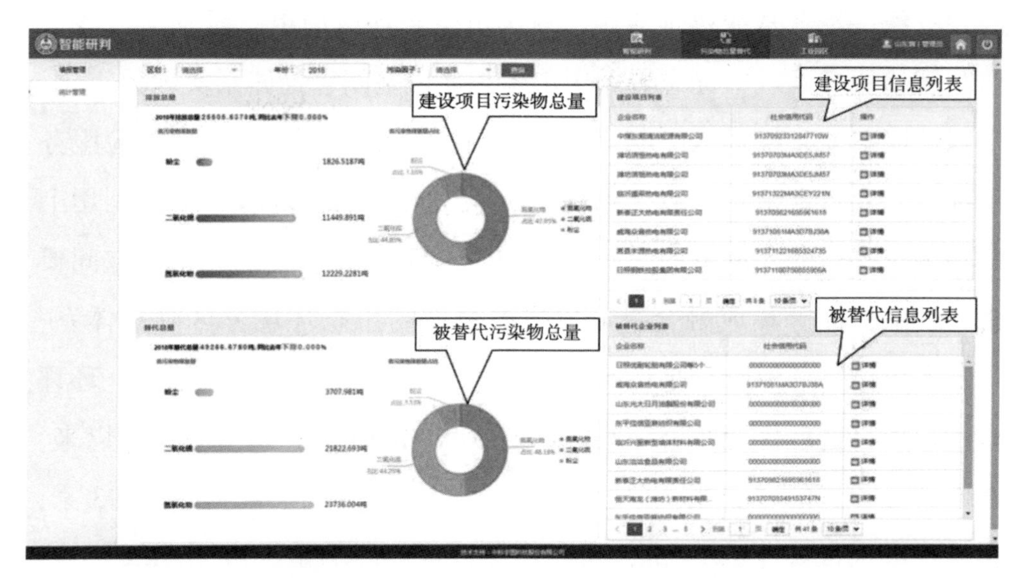

图 11.8 污染物总量替代信息统计图

二、重庆市“三线一单”智检服务系统助推环境空间管控迈入“智能时代”

1. 案例名称

案例名称：重庆市“三线一单”智检服务系统助推环境空间管控迈入“智能时代”

应用领域：生态环境空间管控

应用层级：直辖市级

应用地点：重庆市

2. 案例应用情况

2020 年 4 月，重庆市率先在全国发布《关于落实生态保护线、环境质量底线、资源利用上线制定生态环境准入清单实施生态环境分区管控的实施意见》（渝府发〔2020〕11 号）。成果发布后，为积极推进“三线一单”成果落地应用，重庆市生态环境局组织研发“三线一单”智检服务系统，标志着重庆市生态环境空间管控体系实现数字化，生态环境空间管控迈入“智能时代”。重庆市“三线一单”智检服务系统依托大数据平台，以生态保护红线、环境质量底线、资源利用上线和生态环境准入清单的“三线一单”体系为抓手，将复杂的空间要素、约束指标等集成融合，形成覆盖全域的生态环境分区管控体系，为技术单位、环保管理部门、市级部门、公众等提供技术复核、环评审批、项目选址优化及公众服务。自2020年11月正式上线运行以来，面向公众开放的“三线一单”智检服务端，注册企业和个人达593家，累计生成报告共计1871份；面向环保管理部门的重庆市“三线一单”信息管理平台，已有140个市区两级生态环境部门的用户访问，共计生成21815份报告。

3. 案例应用效果

（1）数据平台“互联互通”，促进国土空间精细化管控。“三线一单”生态环境分区管控体系，整合各环境要素的管控要求，形成了覆盖全域的生态环境分区管控体系，在成果内容和数据格式上均具备与国土空间规划对接的基础。据此，重庆市“三线一单”与全市国土空间规划进行了有效的衔接。同时，为促进与国土空间规划的深度融合，重庆市“三线一单”智检服务系统与“多规合一”业务协同平台整合，将“三线一单”生态环境分区管控体系叠加在全市“一张蓝图”上，成为“多规合一”平台的外延和拓展，进一步提升全市国土空间管控体系的精细、精准度。

（2）生态环境分区管控“一图一表”，提升环境空间管控能力。重庆市“三线一单”智检服务系统，利用信息技术手段让“三线一

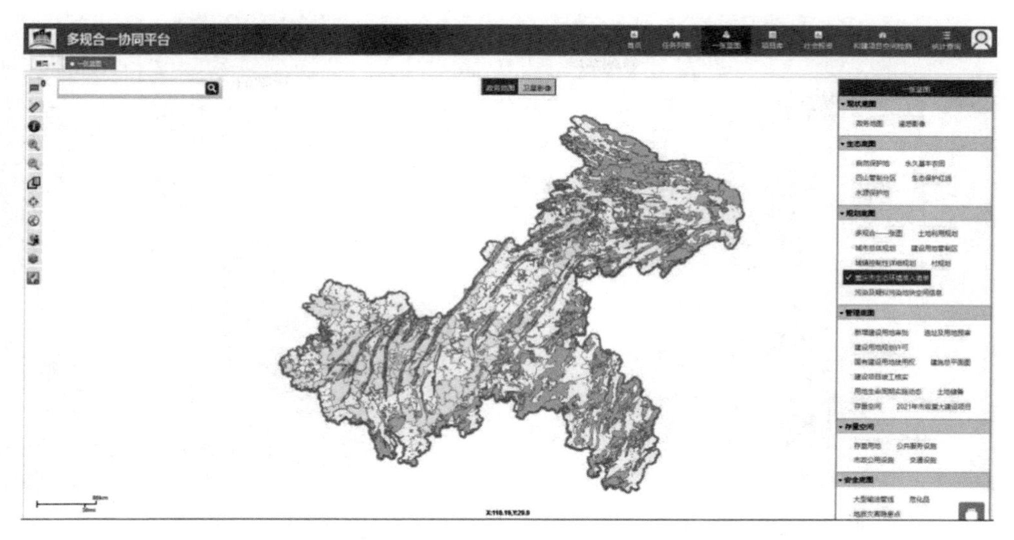

图 11.9 重庆市“多规合一”业务协同平台展示图

单”环境分区管控体系实现数字化管理，通过一张生态环境分区管控图（“一图”）展示全市划分的785个管控单元的空间分布及各管控单元的管控类型（优先保护、重点管控、一般管控）；一张生态环境准入清单表（“一表”）查看785个管控单元的环境管控要求，包括空间布局约束、污染物排放管控、环境风险防控、资源利用效率四个方面的管控要求。通过“三线一单”成果与GIS系统相结合，实现全市“三线一单”生态环境分区管控一张图展示。

“三线一单”智检服务系统，通过识别导入的空间位置信息，即可在30分钟内自动生成建设项目的“三线一单”智检分析报告。自“三线一单”智检服务系统上线以来，为全市各类规划编制、基础设施和工业项目建设提供选址优化、生态环境分区管控符合性分析服务。成渝铁路重庆站至江津站段改造工程、新建成都至达州至万州铁路（重庆段）等多个重大项目通过“三线一单”，提前在项目前期阶段进

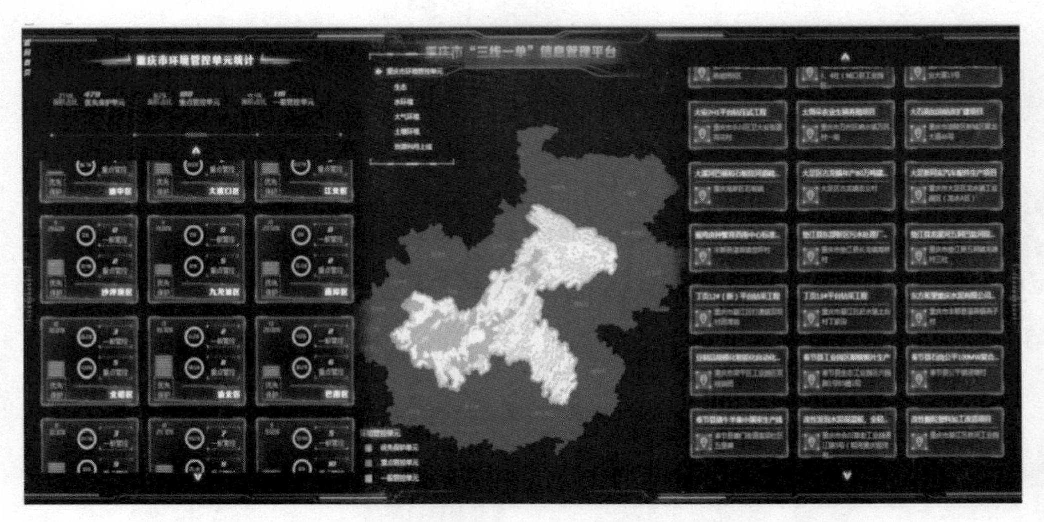

图 11.10　全市“三线一单”生态环境分区管控一张图展示

行规划线路的优化调整，优先避让生态保护红线，对无法避让的优先保护单元要求采取无害化穿越等方式减小对生态环境的影响，项目完成后对生态空间进行生态修复。

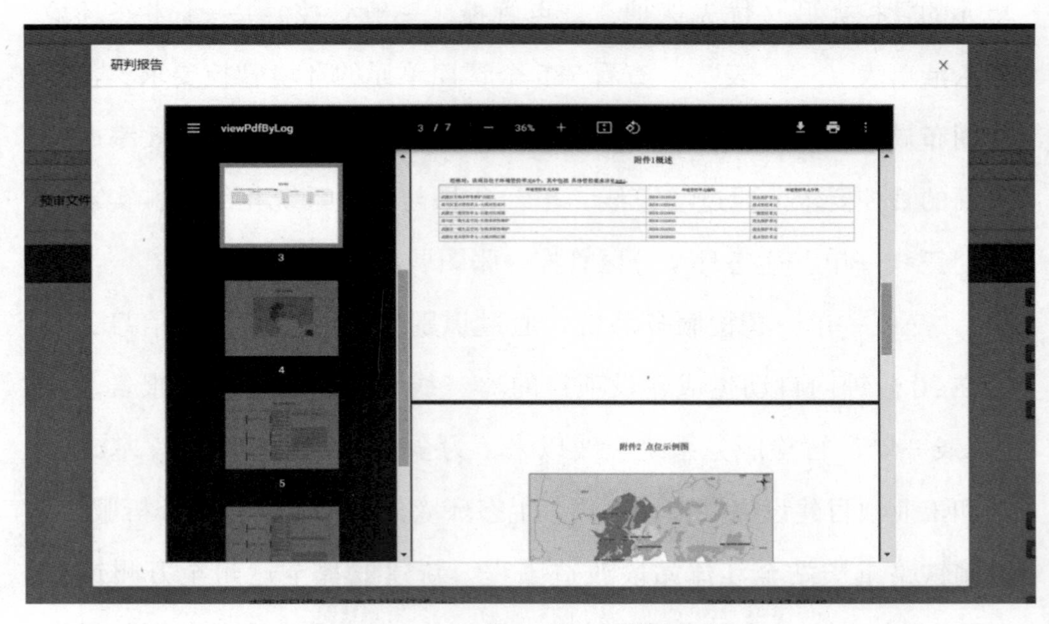

图 11.11　“三线一单”智检分析报告

（3）“三线一单”手机APP，助力环保管理“掌上办公”。重庆市“三线一单”手机APP为手机用户提供“三线一单”浏览、查询、空间智能研判服务。通过手动绘制、上传空间信息或输入经纬度实现项目选址预判分析功能，并支持多个方案比对，利用空间分析等技术，提供项目环境影响预判分析，为各级政府部门在区域开发、资源利用、空间规划、产业布局、项目准入等方面提供高效、科学的决策参考；为地方招商引资提供快捷的环境准入研判服务，引导招商引资项目在适宜的环境管控单元落地，发挥生态环境准入导引作用。

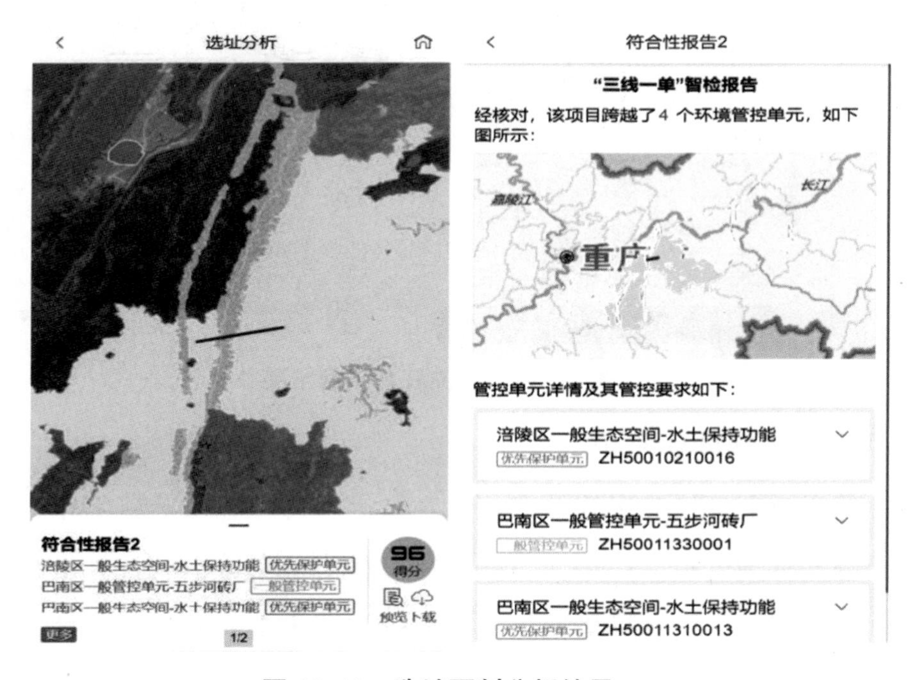

图11.12 选址预判分析结果

“三线一单”手机APP还支持对周边一定范围内环境敏感目标查询，包括环境管控单元、水环境管控分区、大气环境管控分区、自然资源管控分区、土壤污染风险管控分区、生态保护红线、自然保护区、集中式饮用水源保护区的查询以及相关类型属性信息展示。通过“三线一单”手机APP，环保管理者可方便、快捷地查询生态环境分区管控体系及环境保护相关法律法规、政策规章制度；生态环境监督执法、督察人员可将“三线一单”确定的优先保护单元和重点管控单元作为生态环境监管的重点区域，通过GPS实时定位进行现场办公。

图11.13　查询分类示展示图

4. 案例应用启示

通过生态环境分区管控智能化，推进生态环境保护精细化管理和国土空间环境管控。一是“三线一单”生态环境分区管控为编制国土空间规划提供了资源环境数据支撑，成为国土空间开发与保护制度的重要组成部分；二是“三线一单”生态环境分区管控信息化平台为“多规合一”平台提供了基础数据底图，是生态环境保护参与国土空间精细化管理的重要手段；三是“三线一单”信息化平台通过“一图一表”实现生态环境分区空间体系的数字化，为生态环境部门参与政府决策提供了重要途径。

参考文献

［1］《中共中央国务院关于全面加强生态环境保护坚决打好污染防治攻坚战的意见》

［2］《内蒙古自治区关于全面加强生态环境保护坚决打好打赢污染防治攻坚战的实施意见》

［3］《生态环境部“生态保护红线、环境质量底线、资源利用上线和环境准入负面清单”编制技术指南（试行）》

［4］《生态环境部区域空间生态环境评价工作实施方案》

［5］《生态环境部“三线一单”落地应用案例汇编》

［6］《内蒙古自治区人民政府关于实施“三线一单”生态环境分区管控的意见》

［7］鲍仙华编. 上海市三线一单生态环境分区管控研究［M］. 中国环境出版集团，2021. 12.

［8］张红 . 安徽省生态环境管控体系构建与管控单元划分研究［M］. 中国环境出版集团，2020. 06.

［9］李王锋，刘毅，吕春英等著 . 环境评价与管理丛书地市级战略环境评价与“三线一单”环境管控研究［M］. 北京：电子工业出版社，2019. 05.

［10］黄夏银，凌虹主编 . “三线一单”在江苏省产业园区规划环评中的实践［M］. 南京：河海大学出版社，2018. 12.

[11] 伯鑫. 空气质量模型（SMOKE、WRF、CMAQ 等）操作指南及案例研究 [M]. 中国环境出版集团，2020.03.

[12] 程胜高，黄磊，向京等著. 环境影响评价案例研究 [M]. 武汉：中国地质大学出版社，2019.04.

[13] 黄中华，孙秀云，韩卫清. 环境模拟与评价第 2 版 [M]. 北京：北京航空航天大学出版社，2019.09.

[14] 贾瑜玲编著. 四川省环境管控单元划定与生态环境准入清单编制方法与实践 [M]. 北京：科学出版社，2021.11.

[15] 于雷，秦昌波，吕红迪，熊善高，万军作；王金南总主编. 中国环境规划政策绿皮书中国生态环境空间分区管控制度进展报告 2020 [M]. 中国环境出版集团，2021.12.

[16] 王祥荣编著. 资源、环境与生态系统评估丛书转型中国生态化视角与战略 [M]. 北京：科学出版社，2019.06.

[17] 孙翔主编；王远，冷冰副主编. 环境管理与规划 [M]. 南京：南京大学出版社，2018.05.

[18] 第六届中国战略环评学术论坛. 我国“三线一单”探索实践.